全国高等院校仪器仪表及自动化类"十三五"规划教材

可编程逻辑器件与 VHDL 设计

靳 鸿 主 编

郭华玲 沈大伟 副主编

赵正杰 孟令军 崔建峰

郭文凤 王 燕 刘 喆

参 编

电子工业出版社
Publishing House of Electronics Industry
北京·BEIJING

内 容 简 介

本书以存储测试系统的控制模块为设计对象，在介绍 VHDL 相关基础知识的前提下，详细讲解了如何采用 VHDL 进行控制模块关键子模块的设计方法。在对 VHDL 语言的数据对象、类型、数据结构及基本语句进行描述的基础上，着重将以上基础内容与实际的控制模块设计实现相结合，在不断强化基础的同时给出了 VHDL 在工程中的应用实例，对如何根据功能要求进行设计也有相关论述。本书内容丰富，实践性强，章节之间注重知识整体性，对应用 VHDL 进行系统设计有较强的指导和参考作用。

全书共 11 章，第 1~4 章是关于测试系统控制模块设计的基础理论，第 5~7 章是 VHDL 语言的基础理论，第 8~11 章是各控制模块的 VHDL 设计与实现方法及数字电路中常见的设计方法。

本书可作为高等院校测控技术与仪器、机械工程及自动化等专业的本科生和研究生教材，也可以供从事电子仪器设计和调试工作的相关工程技术人员自学和参考。

未经许可，不得以任何方式复制或抄袭本书之部分或全部内容。
版权所有，侵权必究。

图书在版编目（CIP）数据

可编程逻辑器件与 VHDL 设计/靳鸿主编. —北京：电子工业出版社，2017.3
全国高等院校仪器仪表及自动化类"十三五"规划教材
ISBN 978-7-121-30775-1

Ⅰ．①可… Ⅱ．①靳… Ⅲ．①可编程序逻辑阵列—高等学校—教材②硬件描述语言—程序设计—高等学校—教材 Ⅳ．①TP332.1②TP312

中国版本图书馆 CIP 数据核字(2016)第 322894 号

策划编辑：郭穗娟
责任编辑：郭穗娟　　特约编辑：顾慧芳
印　　刷：北京虎彩文化传播有限公司
装　　订：北京虎彩文化传播有限公司
出版发行：电子工业出版社
　　　　　北京市海淀区万寿路 173 信箱　　邮编 100036
开　　本：787×1 092　1/16　印张：11.5　字数：294 千字
版　　次：2017 年 3 月第 1 版
印　　次：2022 年 8 月第 3 次印刷
定　　价：45.00 元

凡所购买电子工业出版社图书有缺损问题，请向购买书店调换。若书店售缺，请与本社发行部联系，联系及邮购电话：(010)88254888，88258888。
质量投诉请发邮件至 zlts@phei.com.cn，盗版侵权举报请发邮件至 dbqq@phei.com.cn。
本书咨询方式：(010)88254502，guosj@phei.com.cn。

前言

随着计算机和大规模集成电路制造技术的迅猛发展，现代复杂数字逻辑系统正向小型化、低功耗和高集成度方向发展。具有可重复使用、可移植性好、系统设计效率高等优点的可编程逻辑器逐渐成为电子系统设计的主流。硬件描述语言 VHDL（Very-High-Speed Integrated Circuit Hardware Description Language）具有很强的行为描述能力，是进行可编程逻辑器件设计的主要工具，随着系统复杂性和智能化的不断提高，VHDL 已成为不可替代的语言工具，将在通信、工业、航空、航天等领域担负重任。

本书从系统对 VHDL 的需求入手，在明确 VHDL 设计目的的基础上，结合此语言的相关基础知识，建立 VHDL 的设计思路。进行程序设计时，强调思路是设计的灵魂，先有思路才能很好地构思整个程序的结构，优化其算法。本书以控制模块的功能需求为背景，在明确了需要什么的基础上，提出如何满足需要的问题。这样，采用 VHDL 进行程序设计时，可以先对程序建立总体的认识，再对如何构建程序进行思考，以功能为牵引，分析不同风格和语句实现的区别，掌握最优的 VHDL 设计方案。书中以信息获取系统控制模块设计为主线，除了扩展各具体模块的应用特点外，还考虑了各模块间的相互关系，一方面加强对语言的认识，另一方面将理论与实践进行结合，充分考虑工程实际的应用背景，建立理论学习与实际使用的衔接。

本书是作者从事十多年教学经验的积累和科研结果的体现，实践性强；知识点与实际科研项目相结合；采用先建立知识框架再进行内容填充的介绍方式，便于读者的学习和理解。希望本书，能够使读者了解 VHDL，建立 VHDL 程序设计的思路，掌握其设计的步骤和基本方法，对实践起到一定的指导作用。

本书共 11 章。第 1 章是绪论；第 2~4 章是对测试系统控制模块的相关描述，包括系统组成及控制模块的主要功能，控制模块的设计方法，基于 VHDL 的控制模块设计流程等；第 5~7 章着重介绍 VHDL 语言的基础理论及常用的语句；第 8~10 章是各控制模块的 VHDL 设计与实现方法；第 11 章介绍了数字电路常用器件以及数字电路开发常用的设计方法。

本书第 1、9 章由中北大学靳鸿编写；第 2 章由中北大学孟令军编写；第 3 章由中北大学王燕编写；第 4 章由沈阳理工大学装备工程学院郭文凤编写；第 5 章由中北大学郭华玲编写；第 6 章由中北大学赵正杰编写；第 7、8 章由中北大学沈大伟编写；第 10 章由中北大学崔建峰编写；第 11 章由太原理工大学刘喆编写。靳鸿、郭华玲、沈大伟负责统稿。

全体编者在此书的编写过程中都尽心尽力，但因水平有限，书中难免存在不足或疏漏之处，恳请广大读者批评指正，不胜感激。

编 者
2017 年 1 月

目 录

第1章 绪论 1
  1.1 集成技术与可编程逻辑器件 1
    1.1.1 可编程逻辑器件 1
    1.1.2 CPLD 和 FPGA 2
  1.2 电子系统设计与 VHDL 3
    1.2.1 传统系统的设计方法 3
    1.2.2 VHDL 与 "自顶向下" 的设计方法 4
  1.3 EDA、VHDL 及其应用 5
    1.3.1 EDA 5
    1.3.2 VHDL 特点 6
    1.3.3 VHDL 设计流程及应用 7

第2章 测试系统构成及控制模块主要功能 13
  2.1 测试系统的基本组成 13
    2.1.1 系统模型 13
    2.1.2 系统基本组成 13
  2.2 控制模块的实现形式 14
    2.2.1 基于可编程逻辑器件的设计与实现 14
    2.2.2 基于单片机的设计与实现 17
  2.3 控制模块主要控制功能 19
    2.3.1 ADC 控制 19
    2.3.2 存储器的控制 21
    2.3.3 接口的控制 24
  习题 25

第3章 控制模块设计方法 26
  3.1 数字逻辑电路设计方法概述 26
    3.1.1 通用逻辑器件设计方法 26
    3.1.2 ASIC 及可编程逻辑器件设计方法 29
  3.2 控制模块的状态设计 33
    3.2.1 状态图及其组成 33
    3.2.2 控制模块状态图设计 34

3.3 系统功能模块划分与接口 37
　　3.3.1 模块划分原则 37
　　3.3.2 功能模块划分 38
　　3.3.3 常用接口与总线 38
习题 42

第 4 章 基于 VHDL 的控制模块设计流程 43
4.1 VHDL 设计一般流程 43
　　4.1.1 VHDL 实际流程 43
　　4.1.2 仿真软件 44
4.2 设计输入与功能仿真 45
　　4.2.1 指定设计项目名称 45
　　4.2.2 创建新的设计文件 45
　　4.2.3 VHDL 程序设计 46
　　4.2.4 功能仿真 46
4.3 项目编译与时序仿真 49
　　4.3.1 编译过程 49
　　4.3.2 编译器组成及说明 49
　　4.3.3 编译相关参数选取与设置 50
　　4.3.4 编译文件 52
　　4.3.5 时序仿真 52
4.4 器件下载编程和配置 53
习题 54

第 5 章 VHDL 基础 55
5.1 硬件描述语言概述 55
5.2 VHDL 的数据对象 55
　　5.2.1 常量 56
　　5.2.2 变量 57
　　5.2.3 信号 58
5.3 VHDL 的数据类型 59
　　5.3.1 标准的数据类型 60
　　5.3.2 标准逻辑位数据类型 62
　　5.3.3 用户自定义数据类型 63
5.4 VHDL 的运算符 69
　　5.4.1 逻辑运算符 69
　　5.4.2 关系运算符 70
　　5.4.3 算术运算符 70
　　5.4.4 并置运算符 71
5.5 VHDL 的程序结构 72
　　5.5.1 库及程序包 73

  5.5.2 实体 74
  5.5.3 结构体 75
  5.5.4 配置 76
 习题 76

第6章 VHDL 语句 78
 6.1 VHDL 程序结构 78
  6.1.1 VHDL 的特点 78
  6.1.2 VHDL 程序结构 79
 6.2 顺序语句 82
  6.2.1 赋值语句 82
  6.2.2 IF 语句 83
  6.2.3 CASE 语句 85
  6.2.4 LOOP 语句 87
  6.2.5 WAIT 语句 89
 6.3 并行语句 90
  6.3.1 进程语句 91
  6.3.2 块语句 92
  6.3.3 并行赋值语句 94
  6.3.4 元件例化语句 97
 习题 99

第7章 基于 VHDL 的状态机设计 101
 7.1 状态机设计基础 101
  7.1.1 状态机的分类 101
  7.1.2 状态机的描述方法 102
  7.1.3 状态机的设计步骤 102
 7.2 NAND Flash 块擦除模块状态机设计 103
 习题 107

第8章 A/D 控制模块的 VHDL 设计与实现 108
 8.1 A/D 概述 108
 8.2 采样定理 110
  8.2.1 时域采样定理 110
  8.2.2 频域采样定理 111
 8.3 并行 A/D 111
  8.3.1 典型并行 A/D——AD7492 概述 111
  8.3.2 并行 A/D 控制命令 113
 8.4 串行 A/D 116
  8.4.1 典型串行 A/D——AD7274 概述 116
  8.4.2 串行 A/D 控制命令 117

习题 122

第 9 章 存储器控制模块的 VHDL 设计与实现 124

9.1 存储器分类及使用特点 124
9.1.1 SRAM 存储器 124
9.1.2 Flash 存储器 125
9.1.3 铁电存储器 125

9.2 SRAM 存储器及其控制 125
9.2.1 SRAM 基本结构 125
9.2.2 SRAM 基本操作与 VHDL 设计 126

9.3 Flash 存储器概述 130
9.3.1 Flash 的基本结构 130
9.3.2 NAND Flash 访问方法 132

9.4 Flash 存储器控制 133
9.4.1 Flash 擦除 133
9.4.2 Flash 无效块检测 136
9.4.3 Flash 页编程 139
9.4.4 Flash 读操作 142

习题 146

第 10 章 异步串行通信（UART）模块设计 147

10.1 UART 协议简介 147
10.1.1 UART 接口标准 147
10.1.2 UART 通信协议 148

10.2 UART 协议控制器 FPGA 实现 148
10.2.1 UART 接口实现原理与方案 149
10.2.2 波特率时钟生成模块设计 150
10.2.3 数据接收/发送逻辑模块设计 150
10.2.4 数据奇偶校验模块设计 156
10.2.5 串并转换模块设计 157
10.2.6 数据接收/发送 FIFO 模块设计 158

10.3 测试仿真与设计调试注意事项 159
10.3.1 测试仿真 159
10.3.2 设计调试注意事项 160

习题 161

第 11 章 数字电路开发常用设计方法 162

11.1 毛刺现象及消除方法 162
11.2 几种逻辑器件及信号清零方法 163
11.2.1 触发器及锁存器 163
11.2.2 信号清零方法 164

11.3	数字电路中的同步设计	165
11.4	数字电路时延电路产生及用法	167
11.5	数字电路中的时钟设计	167
	11.5.1 全局时钟	168
	11.5.2 门控制时钟	168
	11.5.3 多级逻辑时钟	168
	11.5.4 行波时钟	168
	11.5.5 多时钟系统	169
习题		171

参考文献 172

第1章 绪 论

系统是由若干相互作用和相互依赖的事物组合而成的,具有特定功能的整体。其中,通常将由电子元器件或部件组成的能够产生、传输、采集或处理电信号及信息的客观实体称为电子系统。

电子系统设计的发展是与两个因素的产生、发展密切相关的,这两个因素的每一次飞跃都会影响系统设计的革命性变革。它们就是集成技术和电子设计自动化(Electronic Design Automation,EDA)技术。

1.1 集成技术与可编程逻辑器件

集成技术的发展包括模拟集成、数字集成和混合集成技术的发展。其中数字技术的发展比较成熟,成为集成技术的主流。

1.1.1 可编程逻辑器件

随着微电子技术与工艺的发展,数字集成电路由早期的电子管、晶体管经历了小规模集成电路、中规模集成电路、大规模集成电路、超大规模集成电路、具有特定功能的专用集成电路ASIC(Application Specific Integrated Circuit),到现在出现了片上系统SoC(System on Chip),集成度和功能不断增大和增强。在20世纪80年代初,随着微电子技术的高速发展,特别是ASIC的市场需求,出现了可编程逻辑器件PLD(Programmable Logic Device),其中应用最广泛的是现场可编程门阵列FPGA(Field Programmable Gate Array)和复杂可编程逻辑器件CPLD(Complex Programmable Logic Device),目前已广泛应用于通信、电子、电力、军事、仪器仪表、影视等各个高科技研发领域和产品中。

20世纪80年代中期Altera公司推出了一种新型的可擦除、可编程逻辑器件EPLD(Erasable Programmable Logic Device),它采用CMOS和UVEPROM工艺制作,集成度比PAL和GAL高得多,设计也更加灵活,但内部互连能力比较弱。20世纪80年代末Lattice公司提出了在系统可编程技术以后,相继出现了一系列具备在系统可编程能力的复杂可编程逻辑器件CPLD。CPLD是在EPLD的基础上发展起来的,它采用E^2CMOS工艺制作,增加了内部连线,改进了内部结构体系,因而比EPLD性能更好,设计更加灵活,其发展也非常迅速。1985年Xilinx公司首家推出了FPGA器件,它是一种新型的高密度PLD,采用CMOS-SRAM工艺制作，其结构和阵列型 PLD 不同，内部由许多独立的可编程逻辑模块组成，逻辑块之间可以灵活地相互连接，具有密度高、编程速度快、设计灵活和可再配置设计能力等许多优点。FPGA 出现后立即受到世界范围内电子设计工程师的普遍欢迎，并得到迅速发展。

1.1.2 CPLD 和 FPGA

CPLD 和 FPGA 都是可编程逻辑器件，它们是在 PAL、GAL 等逻辑器件的基础上发展起来的。同以往的 PAL、GAL 等比较，CPLD 和 FPGA 的规模更大，可以替代几十甚至几千块通用 IC 芯片。这样的 CPLD 和 FPGA 实际上就是一个子系统部件，因此受到了世界范围内电子工程设计人员的广泛关注和普遍欢迎。

1. CPLD

CPLD 器件的结构是一种与阵列可编程、或阵列固定的与或阵列形式。PAL、GAL 都采用这种形式，但 CPLD 同它们相比，增加了内部连线，对逻辑宏单元和 I/O 单元也有重大改进。一般情况下，CPLD 器件中包含三种结构：可编程逻辑宏单元、可编程 I/O 单元、可编程内部连线。部分 CPLD 器件内还集成了 RAM、FIFO 或双口 RAM 等存储器，以适应 DSP 应用设计的要求。

CPLD 器件具有同 FPGA 器件相似的集成度和易用性，在速度上还有一定的优势，因此，在可编程逻辑器件技术的竞争中它与 FPGA 并驾齐驱，成为两支领导可编程器件技术发展的力量。

2. FPGA

FPGA 是新一代面向用户的可编程逻辑器件，它的功能密度远远超过其他 PLD 器件，一块 FPGA 可以替代 100～200 片标准器件或者 20～40 片 GAL 器件，其 I/O 引脚数多达 100 余条。所以一片 FPGA 芯片可以替代多个逻辑功能复杂的逻辑部件，或者一个小型数字系统。自 FPGA 问世以来，它已在许多领域获得了广泛的应用。

逻辑单元型结构 LCA（Logic Cell Array）的 FPGA 由三部分组成，即逻辑单元阵列 CLB（Configurable Logic Block）、I/O 单元、互联资源。这种类型结构的特点是通过对 CLB 编程实现逻辑功能；通过对 I/O 单元编程确定输入或输出结构；通过对互联资源编程实现 CLB 之间、CLB 与 I/O 单元之间、I/O 单元之间的互联关系，从而实现用户所需要的逻辑功能。PAL 结构扩展型 FPGA 则是在 PLA 基础上加以改进和扩展，大幅度增加了寄存器数量和 I/O 引脚数，增设了可编程互联资源，改善了互联模式，改进了阵列结构，使得芯片的利用率大大提高。

3. 两者的区别

CPLD 与 FPGA 在价格、性能、逻辑规模和封装（包括 EDA 软件性能）等方面各有千秋，面对不同的开发项目，使用者应该作出最佳的选择，表 1-1 是对 CPLD/FPGA 在各个方面的比较。

随着电子技术的高速发展，今天的 CPLD 和 FPGA 器件在集成度、功能和性能（速度及可靠性）方面已经能够满足大多数场合的使用要求。用 CPLD、FPGA 等大规模可编程逻辑器件取代传统的标准集成电路、接口电路和专用集成电路已成为技术发展的必然趋势。

表 1-1　CPLD 与 FPGA 的比较

器件 比较点	FPGA	CPLD
结构工艺	SRAM	E^2PROM 或 Flash
基本结构	LUT 查找表	乘积项
Pin-pin 时延	不定	确定
配置存储器	需外挂 ROM	不需
保密性能	无保密性	可加密
工作电压	3.3V 或 2.5V	5V
编程工艺	通过 PC 并行口或专用编程器或单片机进行配置	ISP 在线编程
应用	主要针对要求不是很高,设计编辑较复杂的系统,适合于完成时序较多的逻辑电路	主要针对速度要求高,但设计逻辑又不是很复杂的系统,适合于完成各类算数和组合逻辑

1.2　电子系统设计与 VHDL

如今,现场可编程器件 FPGA 和复杂可编程逻辑器件 CPLD 已广泛应用于通信、工业自动化、智能仪表、图像处理、计算机领域,大有取代中、小规模集成电路之趋势,成为电子系统设计（本文简称为"系统设计"）的主流。

1.2.1　传统系统的设计方法

以标准集成电路为对象的传统系统设计方法一般按照以下步骤进行:
（1）根据系统对硬件的要求,详细编制技术规格书,并画出系统控制流图。
（2）根据技术规格书和系统控制流图,对系统的功能进行分化,合理地划分功能模块,并画出系统功能框图。
（3）进行各功能模块的细化和电路设计。
（4）电路版图 PCB（Printed Circuit Board）设计。
（5）各个模块的功能调试。
（6）各个模块的硬件电路连接并调试。
（7）整个系统的硬件电路调试。

若其中某个步骤出现问题,可能需要重新进行 PCB 板的设计,并重新进行电路板的焊接和调试步骤,如此反复,直到整个系统完成为止。这种方法也称为"自底向上"(Bottom-Up)的系统设计方法。

传统的电路设计方法,系统仿真和调试要在系统的硬件完成后才能进行,因此存在的问题只有在后期才能发现,一旦考虑不周,就要重新设计,使得设计的费用和周期增大。另外,由于设计文件是电原理图,如果设计的系统比较复杂,那么其原理图就要成千上万张,给存档、阅读和修改都带来了不便。

除此之外,这种设计方法在进行底层设计时,缺乏对整个系统总体性能的把握、效率低,如果在整个系统完成后发现性能还需改进，修改起来就比较困难，不能适应系统规模与复杂度提高的发展趋势。

1.2.2 VHDL 与"自顶向下"的设计方法

以若干张原理图构成设计文件的传统电路设计方法随着电路系统的复杂性、智能性的发展，所需的系统也逐渐庞大，所需的图纸成千上万，这么多的原理图不仅在设计上存在不便，在归档、阅读、修改等方面也有许多问题。于是人们寻求一种新的设计方法用于解决这样的问题。

1. 硬件描述语言

借鉴软件编程的思想，人们希望把复杂的电子电路用文字文件方式描述并保存下来，方便他人了解电路内容，就诞生了最初的硬件描述语言。

从 20 世纪 60 年代开始，为了解决大规模复杂集成电路的设计问题，许多 EDA 厂商和科研机构就建立和使用着自己的电路硬件描述语言，如 Data I/O 公司的 ABEL－HDL、Altera 公司的 AHDL、Microsim 公司的 DSL，等等。这些硬件描述语言各具特色，普遍收到了优于传统方法的实际效果，语言本身也在应用中不断地发展和完善，逐步成为描述硬件电路的重要手段。

2. VHDL

20 世纪 80 年代初美国国防部为其超高速集成电路计划（VHSIC）提出了硬件描述语言 VHDL（Very-High-Speed Integrated Circuit Hardware Description Language），作为该计划的标准 HDL 格式。VHDL 主要用于描述数字系统的结构、行为、功能和接口，在使用中，很好地体现了标准化的威力，因而逐步得到推广。目前在硬件描述语言中，较为常用的除 VHDL 外还有起源于集成电路的设计 Verilog HDL。

VHDL 具有强大的功能、覆盖面广、描述能力强，可用于从门级、电路级直至系统级的描述、仿真和综合。具有丰富的仿真语句和库函数，随时可对系统进行仿真模拟；与原理图设计相比 VHDL 有良好的可读性，容易被读者理解，易于文件的归档；VHDL 支持对大规模设计的分解和已有设计的再利用，可由多人、多项目组来共同承担和完成，标准化的规则和风格，为设计的再利用提供了有力的支持。

3. "自顶向下"的设计方法

随着硬件描述语言 HDL 和 EDA 工具的发展出现了一种(Top-Down)的全新设计方法，就是设计者以系统功能和性能为出发点，接着对系统进行功能划分，形成若干子系统，由子系统再细化为不同的功能模块，再向下到单元电路、元器件。

采用这种方法进行系统设计是从系统顶层开始的，利用仿真等手段，在设计的初期就掌握所实现系统的性能状况，并可以做相应的设计方案调整。方案没有问题可向下继续进行，并随时可以根据需要加以调整，直到设计完成，这种设计方法是在上一级方案满足设计要求的前提下往下进行的，有力地保证了设计结果的正确性，缩短了设计周期，提高了设计的一次成功率。设计规模越大，这种设计方法的优势越明显。

这种设计方法的主要设计文件使用 HDL 语言编写源程序，用 HDL 语言编写的源程序作为归档文件有很多好处：一是资料量小，便于保存；二是可继承性好；三是阅读方便。可编程逻辑器件的设计流程一般包括设计准备、设计输入、功能仿真、设计处理、时序仿真和器件编程和测试七个步骤。

1.3 EDA、VHDL 及其应用

可编程逻辑器件是逻辑器件家族中发展最快的一类器件,可编程逻辑器件的出现及其所具有的 VHDL 的设计方法使得其产品开发周期缩短、现场灵活性好、开发风险变小。随着工艺、技术及市场的不断发展,PLD 产品的价格将越来越便宜、集成度越来越高、速度越来越快,再加上其设计开发采用符合国际标准的、功能强大的通用性 EDA 工具,可编程逻辑器件的应用前景将愈来愈广阔,FPGA、CPLD 以其不可替代的地位,将越来越受到业内人士的关注。

1.3.1 EDA

随着可编程逻辑器件规模的不断扩大,对芯片功能的二次开发就越来越依赖于专用的手段和工具才能完成,EDA 顺应了这种需求,是人们利用集计算机图形学、拓扑逻辑学、计算数学、人工智能等多种计算机应用学科的最新成果开发而成的一整套软件工具,可进行芯片逻辑功能的设计、仿真、时序分析、逻辑综合等,极大地改善了开发环境。应用这种软件工具及其支持的硬件描述语言从事电子系统的设计,打破了软硬件之间最后的屏障,使软硬件工程师们有了真正的共同语言。

在 EDA 的设计过程中,除了硬件的行为和功能描述外,其他设计过程都可以用计算机来自动完成。它可以大大节省人力和物力,缩短研制周期,从而增强了设计的实时性,因而 EDA 设计方法得到了广泛的应用。

20 世纪 80 年代末至 90 年代初,EDA 技术发展的主要特点是采用自顶向下的设计方法,以最终实现可靠的硬件系统为目标,因而配备了系统设计自动化的全部工具。比如硬件描述语言平台 VHDL、Verilong HDL、ABEL - HDL 等各种软件工具提供了各种输入方法,主要有硬件描述语言文本输入法、原理图输入法和波形输入法等(见图 1.1 和图 1.2);以并行设计工程(CE)方式和系统级目标设计方法作为支持,并提供高性能的逻辑综合、优化和仿真模拟工具。

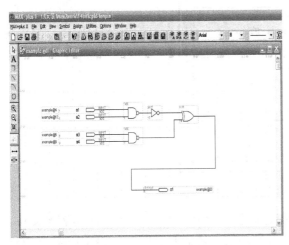

图 1.1 MAX+PLUS II 原理图输入界面

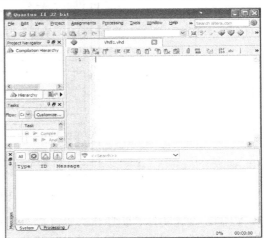

图 1.2 Quartus II VHDL 设计界面

硬件电路设计的软件化是电路设计的发展趋势，VHDL 是实现硬件电路设计软件化的重要语言工具，它实现了将数字系统的设计直接面向用户，根据系统的行为和功能要求，自上而下地完成相应的描述、综合、优化、仿真和验证，直到生成器件。

1.3.2 VHDL 特点

自 1962 年 Iverson 提出硬件描述语言（HDL）以来，出现了很多种硬件描述语言，但由于这些语言与硬件产品密切相关且语法不统一，造成了信息交流和设备维护的困难。VHDL 也是其中的一种硬件描述语言，原先由美国国防部制定，作为各合同商之间提交复杂电路设计文档的一种标准方案，1987 年被采纳为 IEEE1076 标准，并于 1993 年更新为 IEEE1164 标准。VHDL 用于描述、组织电路的结构行为，它克服了原理图输入在设计门级电路方面的局限性（一般认为瓶颈为 1 万左右，门级电路再增加，则测试和修改便难以进行）。

VHDL 语言具有很强的行为描述能力，可以实现各种级别（系统级、算法级、寄存器级、逻辑级、门级）的逻辑设计、仿真验证、时序分析、逻辑综合等。它所具有的丰富的仿真语句和库函数，使得在任何大系统的设计早期，就能检查设计系统功能的可行性，随时对设计进行仿真模拟。VHDL 采用基于库（Library）的设计方法。在设计过程中，可以建立各种可再次利用的模块，一个大规模的硬件电路设计往往不可能从门级电路开始一步步地进行设计，而是一些模块的累加。这些模块可以是一些标准库，也可以是预先设计或以前设计的模块，将这些模块存于库中，就可以在以后的设计中反复使用。这种设计方法可以大大地减少设计工作量，降低设计周期。

一个相对完整的 VHDL 设计由以下几个部分组成：库、程序包、实体、结构体、配置，如图 1.3 所示。

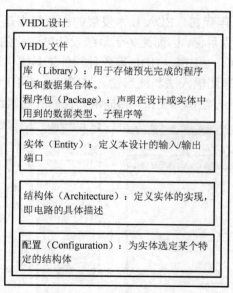

图 1.3　VHDL 程序结构框图

VHDL 设计实体、程序包、设计库等结构为设计任务分解和并行工作提供了有利的支持，便于加快设计流程和方便组合各功能模块，加快开发周期，降低开发成本。VHDL 具有相对独立性,设计者没有必要熟悉硬件的结构,也不必了解最终设计实现的目标器件是什么,即可进行独立的设计,它良好的可移植性可兼容许多 EDA 软件平台和逻辑仿真与综合工具。

1.3.3 VHDL 设计流程及应用

VHDL 是用来描述从抽象到具体硬件级别的工业标准语言,并已成为一种通用的硬件设计交换媒介。计算机辅助工程软件的供应商已把 VHDL 作为其 CAD 或 EDA 软件输入与输出的标准,例如 SYNOPSYS、ALTERA、CA-DENCE、VIEWLOGIC 等 EDA 厂商均提供了 VHDL 的编译器,并在其仿真工具、综合工具和布图工具中提供了对 VHDL 的支持。VHDL 的设计流程如图 1.4 所示。

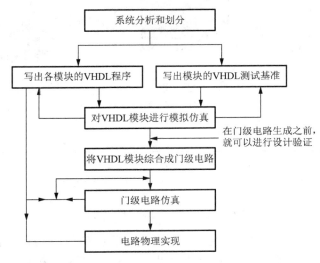

图 1.4 VHDL 的设计流程

在过去的半个世纪里,集成电路技术的进步不断刷新全球电子信息产业的形态,五光十色的新产品、新应用也改变了人类的生活方式。市场的需求使得电子产品的市场寿命周期日益缩短,与此同时,工艺技术的升级也让产品的开发成本呈几何级数上升。市场急需一种能够降低研发成本、缩短开发周期并具有设计灵活性的产品。在此背景下,FPGA(现场可编程门阵列)产业逐渐壮大,广泛应用在通信、工业、航空等领域(见图1.5),并显露出不可阻挡的气势。

图 1.5 FPGA 在通信、工业、航空等领域应用

1. 在 ASIC 设计中的应用

可编程逻辑器件是在专用型集成电路（Application Specific Integrated Circuit，ASIC）设计的基础上发展起来的，在 ASIC 设计方法中，通常采用全定制和半定制电路设计方法，设计完成后，如果不能满足要求，就得重新设计再进行验证。这样就使得设计开发周期变长，产品上市时间难以保证，大大增加了产品的开发费用。而 FPGA/CPLD 芯片是特殊的 ASIC 芯片，它们除具有 ASIC 的特点之外，还具有自身的优势。ASIC 向 FPGA 发展的过程如图 1.6 所示。

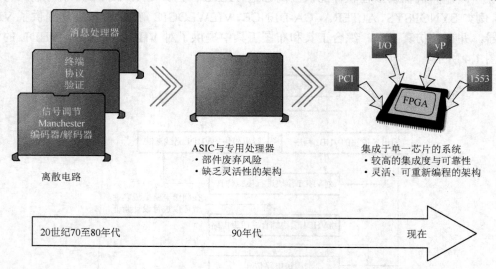

图 1.6 ASIC 向 FPGA 发展的过程

目前，ASIC 的容量越来越大，密度已达到平均每平方英寸 100 万个门电路。但随着密度的不断提高，芯片则受到引脚的限制，片上芯片虽然很多，但接入内核的引脚数目却是有限的。而选用 FPGA/CPLD 则不存在这样的限制，因为现在可达到的金属层数目增强了产品的优势，FPGA/CPLD 芯片的规模越来越大，其单片逻辑门数已达到上百万门，实现的功能也越来越强，同时可以实现系统集成。

另外，与 ASIC 相比，可编程逻辑器件研制周期较短，先期开发费用较低，也没有最少订购数量的限制，所有这一切简化了库存管理。随着每门电路成本的降低和每个器件中门电路数量的增加，可编程逻辑器件正在大举打入传统的门阵列领域，并已有少量的打入了标准单元 ASIC 的领域。

2. 在电子技术领域中的应用

1）在微机系统中的应用

FPGA/CPLD 可以取代现有的全部微机接口芯片，实现微机系统中的地址译码、总线控制、中断及 DMA 控制、DRAM 管理和 I/O 接口电路等功能。利用 CPLD 和 FPGA 可以把多个微机系统的功能集成在同一块芯片中，即进行所谓的"功能集成"。图 1.7 为基于 FPGA 的微机接口及应用综合实验平台。

2）在通信领域中的应用

现代通信系统的发展方向是功能更强、体积更小、速度更快、功耗更低。FPGA/CPLD 在集成度、功能和速度上的优势正好满足通信系统的这些要求。所以现在无论是民用的移动电话、程控交换机、集群电台、广播发射机和调制解调器,还是军用的雷达设备、图像处理设计、遥控遥测设备、加密通信机都已广泛地使用大规模可编程逻辑器件。图 1.8 为 Google 手机操作系统及其开发板,这些 FPGA/CPLD 随着产品复杂性提升更加依赖硬件描述语言的支持。

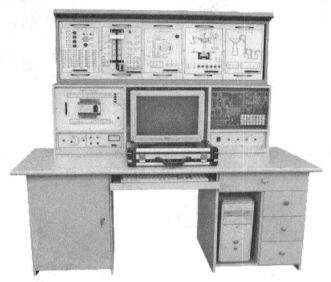

图 1.7　FPGA 的微机接口及应用综合实验平台

图 1.8　Google 手机操作系统及其开发板

3)在数字信号处理技术(DSP)领域中的应用

DSP 在很多领域内具有广泛的用途,如雷达、图像处理、数据压缩、数字电视和数字通信机等。随着 DSP 系统复杂程度和功能要求的提高,用 DSP 解决方案出现其缺陷性:实时性不强、灵活性太差,不适合在实验室或技术开发等场合使用等。现在,FPGA/CPLD 为 DSP 提供了解决问题的方案,FPGA/CPLD 和 DSP 的技术结合,能够在集成度、速度(实时性)和系统功能方面满足 DSP 的需要。应用 FPGA/CPLD 设计 DSP 系统可以减少系统体积,提高系统的工作速度。

图 1.9 3D 数字视频

VHDL 的快速处理能力使得其在数据处理方面比单片机具有更好的优势。图 1.9 为基于 FPGA/CPLD 和 DSP 的 3D 数字视频的应用,图 1.10 为基于 FPGA 生产的各种电子产品。

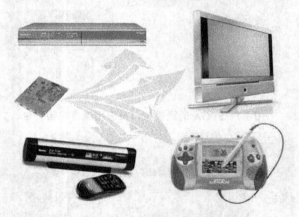

图 1.10 基于 FPGA 的各种电子产品

4)在大型控制系统中的应用

为了提供满足航天设计人员需求的创新硅解决方案,Actel 公司宣布推出业界首个面向太空飞行应用——以 Flash 为基础,耐辐射的 FPGA 器件。全新的低功耗 RT ProASIC3 器件具有可重编程功能,可简化原型构建和硬件时序确认,同时提供至关重要的辐射引发配置翻转的免疫能力。这款新产品结合同时发布的全新 RTAX-DSP 解决方案,扩展了 Actel 业界领先的航天产品系列,为设计人员提供了设计下一代太空飞行系统所需的可靠及灵活的解决方案,如图 1.11 所示。

图 1.11 低功耗、可重编程的 RT ProASIC3 器件

军用产品级 VIRTEX®-5Q 系列提供了最广泛的可重编程器件选择，面向执行关键任务的航空航天和军事应用，如图 1.12 所示。

图 1.12　军用产品级 VIRTEX-5Q FPGA

Compact RIO 硬件平台是一个基于 FPGA 技术的嵌入式系统。FPGA 芯片是 Compact RIO 体系结构的核心，直接和相应的车载模块相连。车载模块可直接和车用传感器、执行器和网络相连，并提供信号调理、隔离和汽车总线。该平台包含一个嵌入式实时处理器，可用于独立工作、确定性控制、车载数据记录和分析等。Compact RIO 具有小型、坚固的机械封装，可承受 50g 冲击和-40℃到 70℃工作温度范围等特点，提供双电压输入（9~35V），可直接从车上电池取电。这些都使 CARLOS 适用于复杂的车载测试环境和有限的测试空间，如图 1.13 所示。

图 1.13　Goepel CARLOS 车载数据采集系统

无人机的飞行控制和机载电子设备的控制指令主要通过地面控制计算机中的软件或者无人机控制器产生，这两种相互独立的控制方式互为备份。而无人机控制器主要由硬件电路和嵌入式软件设计实现，不依赖于计算机，因此具有可靠性高、稳定性好等优点，是实现无人机远程遥控的主要方式之一。采用基于 FPGA 设计的无人机控制器，充分利用了 FPGA 并行数据处理能力和同步设计优势，将键盘扫描、指令编码与显示、指令异步串行发送等功能模块都集成在 FPGA 内部，硬件结构简单，扩展性强，遥控指令的触发到输出的指令数据群延时小于 80 ms，能够满足各种类型无人机的实时远程控制要求，如图 1.14 所示。

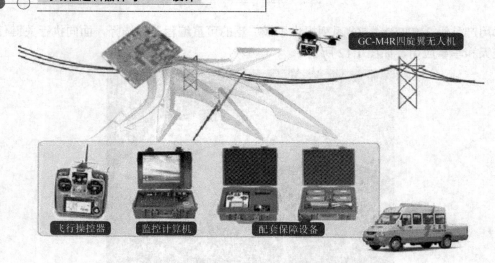

图 1.14 基于 FPGA 的无人机控制系统

随着电子技术的高速发展，今天的 CPLD 和 FPGA 器件在集成度、功能和性能（速度及可靠性）方面已经能够满足大多数场合的使用要求。硬件描述语言是进行可编程逻辑器件设计的主要工具，随着系统复杂性和智能化的不断提高，VHDL 也成为不可替代的语言工具，将在通信、工业、航空等领域担负重任。

第 2 章　测试系统构成及控制模块主要功能

目前，动态测试在现代测量技术中占有主导地位，而存储测试因其具有抗恶劣环境、微型化、智能化等优点，在兵器、航天、航空等领域广泛应用。存储测试主要特点为置入式测试、信号事后显示等。本书所介绍的测试系统为存储测试系统，这种系统一般以传感器作为信息获取的主要部件，在基本功能和组成等方面具有一致性。

2.1　测试系统的基本组成

测试系统主要完成信息的采集、处理、传输等任务，由多个不同的功能模块组成，其中控制模块是完成系统协调各模块工作状态、工作模式、确定各模块工作参数等工作的重要环节。

2.1.1　系统模型

建立系统模型是对系统进行分析的重要和必要手段，通过建模可以反映构成系统的各单元之间结构、连接关系及各单元对系统特性的影响。

测试系统模型大致可分为三个层次（如图 2.1 所示）：信息获取层（传感器）、信息处理层（测试仪）和信息分析层（虚拟仪器）。

根据分析，测试仪模型也可以分为以下三个层次。

（1）信号调理层：包括对传感器输出模拟信号的放大、滤波。

（2）信号数字化及存储层：包括 ADC（Analog to Digital Converter）及存储器。

（3）信号控制层：包括各种控制模块及信息传输模块。

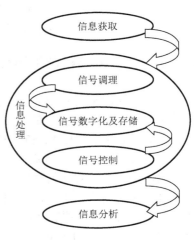

图 2.1　测试系统结构模型

2.1.2　系统基本组成

测试系统的结构如图 2.2 所示，测试信号由传感器进行信息采集，之后输入测试仪进行处理，最终在虚拟面板进行信号的显示和处理。

测试仪主要包括信号调理、ADC、存储器、控制器、接口等部分。信号调理主要将传感器输出的信号进行处理，滤除噪声，并将其幅度范围转换为 ADC 可以转换的正常范围；ADC 将经过处理的模拟信号转换为数字信号，便于存储、显示和处理，并同时提高信号的抗干扰能力；存储器是存储测试的关键，将处理后信号进行实时存储，确保信号的完整、有效；接口是数据传输的通道；控制模块在测试工作过程中起着管理的功能，是测试仪工作正常的保障。

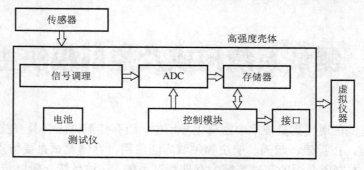

图 2.2　测试系统结构框图

2.2　控制模块的实现形式

控制模块是测试系统的关键部件，测试仪的工作模式等都由控制模块控制实现。随着系统智能性的提高，其控制模块日趋复杂，所需器件数量和类型也随之增加，但是，根据存储测试置入式的要求，控制模块的体积还要达到微型化、可放入的标准。因此，此模块一般采取高度集成的方式实现，兼顾复杂性和微型化。选用高集成度的芯片完成控制模块的设计是目前普遍采用的方法。其中，可编程逻辑器件和单片机是选用最多的集成芯片之一。

2.2.1　基于可编程逻辑器件的设计与实现

可编程逻辑器件可以将复杂的控制模块分立器件进行集成，在智能性提高的同时可以将体积减小，非常适合微型化的要求。

图 2.3 是利用 FPGA、STM32 等设计的一种双通道同步高速采集系统的采集模块框图，适用于准确计算石油管道内壁腐蚀速度的仪器。这个系统中采用的 FPGA 为 EP4CEI5F17CSN，具有响应速度快、并行处理能力强等的优点。被测参数经信号调理电路后，输入至高速 ADC，再通过 FPGA 编码后由总线输出。这个系统的 FPGA 直接与被测信号连接，实现总线转换的功能，由于 FPGA 处理速度高（Speedster 的 SPD60 速度可达 1.5GHz）所以在总线转换过程中，能够满足实时处理的要求。

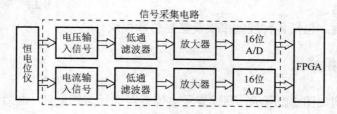

图 2.3　信号处理模块框图

1. FPGA 与 DSP

FPGA 主要实现控制逻辑，当系统需要进行数据处理时，可以与 DSP 同时使用。图 2.4

是以 FPGA 和 DSP 为核心器件设计的实现超声信号的高速数据采集和复杂的信号处理算法的系统。

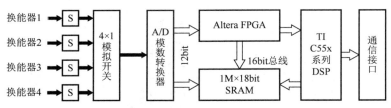

图 2.4　数字采集处理系统框图

FPGA 具有丰富的逻辑和 I/O 资源,编程灵活,非常适合在数字风速仪中作为超声发射的控制、回波信号采集控制以及信号的预处理单元,可以实现高度集成化设计。系统设计的 FPGA 采用 ALTERA M 公司的低功耗、低成本 Cyclone II 系列,图 2.5 和图 2.6 是 FPGA 部分控制信号的仿真波形。

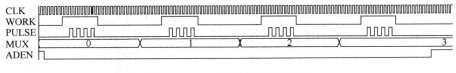

图 2.5　FPGA 发射控制逻辑时序

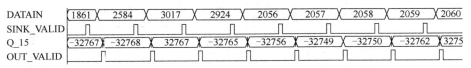

图 2.6　FPGA FIR 滤波处理逻辑时序

DSP 最大特点是内部有专用的硬件乘法器和哈佛总线结构,对大量的数字信号处理速度快,其实时运行速度可达每秒数以千万条复杂指令程序,远远超过通用微处理器。而 FPGA 能完成任何数字器件的功能,上至高性能 CPU,下至简单的 74 电路,都可以用 FPGA 来实现。两者相比,DSP 是通用的信号处理器,用软件实现数据处理;FPGA 用硬件实现数据处理。DSP 成本低,算法灵活,功能性强;而 FPGA 的实时性好,成本较高,FPGA 适合于控制功能算法简单且含有大量重复计算的工程使用,DSP 适合于控制功能复杂且含有大量计算任务的工程应用。

2. SoPC（System-on-a-Programmable-Chip）

图 2.7 是以 FPGA 为整个系统核心设计的 χ-γ 剂量仪。FPGA 主要完成对数据的读取、运算以及输入/输出的控制。FPGA 采用美国 ALTEAR 公司生产的 Cyclone 系列 EP1C6Q240C8N,这款芯片采用 SoPC 技术内嵌多种类型模块。系统基于 FPGA 芯片、内嵌等精度测频模块（EPMM）、MC8051 软核等,实现对剂量数据的读取、运算和显示。

可编程片上系统 SoPC 是一种特殊的嵌入式系统。首先,它是片上系统 SoC,即由单个芯片完成整个系统的主要逻辑功能。其次,它是可编程系统,具有灵活的设计方式,可裁减、可扩充、可升级,并具备软硬件在系统可编程的功能。

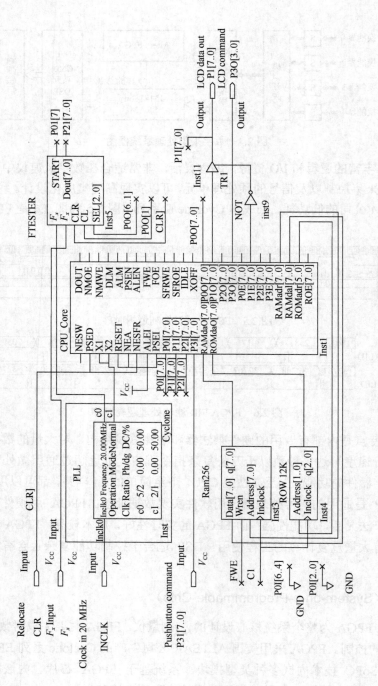

图 2.7 基于 FPGA 的系统结构框图

SoPC 结合了 SoC 和 PLD、FPGA 各自的优点，一般具备以下基本特征：
① 至少包含一个嵌入式处理器内核。
② 具有小容量片内高速 RAM 资源。
③ 丰富的 IP Core 资源可供选择。
④ 足够的片上可编程逻辑资源。
⑤ 处理器调试接口和 FPGA 编程接口。
⑥ 可能包含部分可编程模拟电路。
⑦ 单芯片、低功耗、微封装。

SoPC 集成度高、设计灵活并且可进行时序和功能仿真，已被广泛应用于通信、信息安全、视听、汽车电子等领域。供应商主要为 Atmel、Xilinx 和 Altera。Xilinx 公司的 SoPC 芯片型号为 Spartan、Spartan-II、Virtex、Virlex-II、XC4000 和 XC9500 系列，Altera 公司的 SoPC 芯片为 APEX EP20KE 系列。SoPC 针对数字电路的设计，并很好地把 FPGA、微处理器和 DSP 的优点结合在一起。Altera 公司的 SoPC，可嵌入该公司自行开发的 Nios 软核，并带有 DSP 功能块，在 Nios 核中还可得到定时器/计数器、PIO、SPI、PWM 控制器、10/100 M 以太网 MAC 和 SDRAM 控制器等资源。

2.2.2 基于单片机的设计与实现

近年来，随着新的测试对象的不断出现，以及测试手段的不断发展，基于单片机的测试系统的功能越来越完善，各种应用场合对测试系统的要求也日益提高。现在的大多数单片机测试系统不仅能完成工业现场的实时测控任务，同时还能进一步实现对测试数据的实时处理和保存。

用 SoC 单片机实现测试系统有很多优点，程序编写简单，控制灵活，程序改写容易，能够大大地简化测试系统。而且，随着半导体集成电路技术和工艺的发展，以及 EDA 技术水平的不断提高，单片机已经由原来的 8 位提高到 16 位及 32 位，而且越来越多的单片机内部集成了很多的外围模块，例如模拟部分有放大器、ADC、模拟比较器，还有硬件乘法器、DMA 控制器、液晶驱动器、大量存储区域、串口等，这不仅使单片机在运算速度上有了很大的提高，而且只需一片单片机就可组成一个测试系统，包括模拟适配部分、模数转换部分、数据处理、存储、以及传输等。组成这样的一个系统，既大大减小了整个测试系统的体积，同时由于其外部连线特别少，也就提高了系统的可靠性，而这正是现在测试系统所追求的特性。因此利用一款合适的单片机，也能实现一种微型存储测试系统。

AdμC812 是高度集成的高精度 12 位数据采集系统芯片，该芯片内不仅集成了可重新编程的非易失性闪速/电擦除程序存储器的 MCU，还集成了 ADC，采用 52 脚扁平塑料四方形（PQF）封装，大小约为 $1cm^2$。图 2.8 是运用 AdμC812 单片机研制出来的存储式转矩测试系统，该系统可动态测量工程机械动力传动系统的转矩，并把各路工况下所测转矩数据以及对应时间实时存储到 Flash 中。

图 2.9 是存储式转矩测试装置的原理框图。单片机模块包括初始化模块、延时及存储器擦除模块、数据传输模块、转矩采集中断服务模块和转速采集中断服务模块。

图 2.8　存储式转矩测试系统实车实验

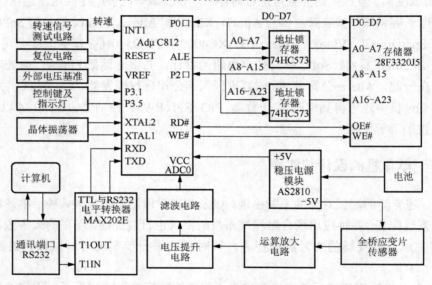

图 2.9　存储式转矩测试装置原理框图

89C52 也是一款常用单片机，有 8KB 的内部程序存储器（EPROM）和 256B 的内部数据存储器；32 根 I/O 线，均为全双工的串行口；5 个中断源，每个中断源的优先级是可以编程的；有两个定时/计数器，通过编程可以实现四种工作模式。

MSP430 单片机因其集成多种外设也成为广泛使用的控制核心器件。它在超低功耗方面有突出的表现，经常被电池应用设计师所选用，被业界称为绿色 MCU。同时它内部有丰富的片内外围模块，是一个典型的片上系统（SoC），又是 16 位的精简指令结构，功能相当强大。

图 2.10 是以 MSP430F149 单片机作为控制和处理的核心设计完成的气体传感器批量测试系统。

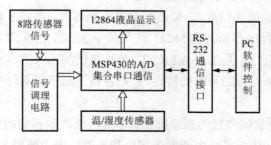

图 2.10　系统总体框图

此外，ADμC81 单片机还应用于井下油气压力存储测试系统，它不仅封装体积小，而且测试系统所需的高性能硬件和功能几乎都集成在片内，经使用系统稳定、可靠；AT90 系列单片机应用于过载测试系统的实现，AT90S8515 作为系统控制器使系统易于实现，硬件结构清晰软件设计易于实现，而且使得测试系统小型化。此过载存储测试数据采集板经测试可以满足系统频响（200kHz）要求。

2.3 控制模块主要控制功能

对于存储测试系统来说，需要控制的环节主要为 ADC、存储器和接口等，每种测试系统根据其功能及工作环境的不同，可能还有其他的被控对象。如前级采用程控放大器则需要控制模块提供相应的控制信号，完成放大器放大倍数的设定。

2.3.1 ADC 控制

ADC 是将模拟信号转换为数字信号的器件，是将模拟信号进行离散即抽取，再进行编码输出，转换后的数字信号更适合于传输、处理、存储。

测试系统中，ADC 的控制信号主要包括片选、读和采样时钟等。控制模块主要是将输入的模拟信号按照采样时钟的时间要求转换为相应的数字信号。图 2.11 是 ADC 基本的控制信号与方向。

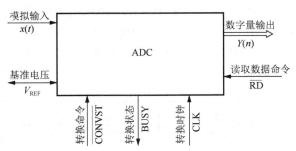

图 2.11　ADC 主要控制信号及其方向

图 2.11 中，基准电压决定了 ADC 可以有效转换的模拟量的范围；CLK 为采样时钟，这个时钟的频率要符合采样定理的要求，否则信号会出现频率混叠现象；$\overline{CONVST}$、BUSY 和 $\overline{RD}$ 为控制命令，不同类型的 ADC 这些信号的时序和类型可能会有差别。

AD7492 是一款采用先进的技术来获得高数据通过率下低功耗的逐次逼近式 ADC。在 5V 电压下，速度为 1MSPS 时，平均电流仅为 1.72 mA；在 5V 电压和 500KSPS 数据通过率下的消耗电流为 1.24 mA。

AD7492 有两种工作模式，高速采样模式以及全部休眠或者部分休眠模式。在高速采样模式下，转换信号 $\overline{CONVST}$ 在转换完成也即 BUSY 信号变低之前被拉高；采用休眠模式可以在低数据通过率时实现低功耗。在 5V 电压时，若速度为 100KSPS，则平均电流为 230μA。AD7492 的模拟输入范围为 0～REFIN。另外，该器件内部还可提供 2.5V 参考电压，同时，该参考也对外部有效。器件的转换速度由内部时钟决定。图 2.12 为 AD7492 的工作时序图。

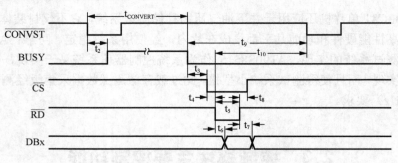

图 2.12　AD7492 的工作时序图

输入信号从 $\overline{\text{CONVST}}$ 的下降沿开始被采样，经过很短的保持时间后转换启动。忙信号线 BUSY 在转换开始时为高电平，810ns 后跳变为低电平以表示转换结束。转换结果是借助于 $\overline{\text{CS}}$（片选）和 $\overline{\text{RD}}$ 信号从一个高速并行接口存取的。

控制信号的时序关系可以查看芯片的数据手册。在这些信号里，采样时钟直接决定了数据转换的有效性，并且对于存储测试而言，这个时钟频率的选取与数据存储容量密切相关。两者的关系可以通过设置不同的采样策略得到解决，目前常用的采样策略包括定频率采样和变频率采样。

1. 定频率采样

这种采样策略在整个信号采集过程中，采样频率固定，测试数据的时间间隔均匀，适用于变化规律单一的被测参数测试。

一般系统时钟为较高频率的时钟，ADC 的采样时钟由被测对象特性决定，确定了采样频率的值，可以通过对系统时钟分频的方法，产生 ADC 的采样时钟。图 2.13 是分频电路仿真图，图中所选取的采样频率为 100KSPS，系统为 1MHz 频率的晶振，输出时钟经分频得到采样时钟 f_s。pa0、pa1、pa2 为分频值选择字。

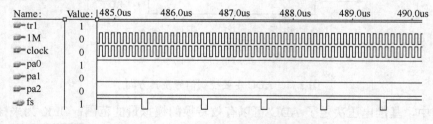

图 2.13　系统时钟分频仿真波形

2. 变频率采样

这种采样策略即根据被测对象运动状态的不同，将测试过程划分为几个子过程，每个子过程的被测信号频带有较大差异，采样频率随被测信号频带的不同而不同。实现变频率采样有多种方式，其中较常采用的方式如下：

ADC 始终以高速进行采样、转换，频率不变，存储器写时钟频率与 ADC 采样频率相同，ADC 转换一个数据，写入存储器一个，但地址重复在此地址，写入多个数据后再转向下一个数据，如图 2.14 所示。

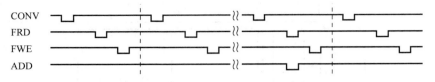

图 2.14　主要时钟时序图

图 2.14 中，CONV 是 ADC 的采样转换时钟，为恒定的高频时钟（可以是多子过程中最高频率，也可以是高于所有子过程的用户所选采样频率）；FRD 是 FIFO 的读时钟，也是存储器的写时钟，FIFO 的数据读出后写入当前地址的存储单元；FEW 是 FIFO 写时钟，也是 ADC 的读时钟，ADC 转换的数据在此时钟的控制下读出写入 FIFO。ADD 是存储器地址推进时钟，由 CONV 经分频得到。虽然每个 CONV 信号，都有数据被转换写入当前存储单元，但只要存储器的地址不变，下一个数据会把之前的数据覆盖掉，如此重复，只有地址变化时刻之前的数据被保存下来。

2.3.2　存储器的控制

对于存储测试技术而言，数据的存储是非常重要的一个环节。随机存储器 RAM（Random Access Memory）及快擦型存储器 Flash Memory 是存储测试技术中常选用的存储器类型。

RAM 又分为静态 RAM（以触发器原理寄存信息）和动态 RAM（以电容充放电原理寄存信息）两类。

其中，静态 RAM（Static RAM）又称为 SRAM，是瞬态信号存储的常用存储器。这种存储器是利用双稳态触发器来保存信息的，只要不掉电，信息是不会丢失的。SRAM 速度非常快，是目前读/写最快的存储设备了，但是它也非常昂贵。它是一种半导体存储器，按照晶体管的类型分，SRAM 可以分为双极性与 CMOS 两种。从功能上分，SRAM 可以分为异步 SRAM 和同步 SRAM（SSRAM）。异步 SRAM 的访问独立于时钟，数据输入和输出都由地址的变化控制。同步 SRAM 的所有访问都在时钟的上升/下降沿启动。地址、数据输入和其他控制信号均与时钟信号相关。另外，SRAM 是一种易失性存储器，它只有在电源保持连续供应的情况下才能够保持数据。"随机访问"是指存储器的内容可以以任何顺序访问，而不管前一次访问的是哪一个位置。

SRAM 的基本组成模块如图 2.15 所示，它主要由以下几个部分组成：时序控制电路模块、行译码模块、列译码模块、输入/输出控制模块、灵敏放大器模块以及存储阵列模块。其中，时钟产生电路基于输入时钟产生内部的时序控制信号，在 SRAM 电路中，由多条延迟支路产生可调占空比的读/写时钟信号，通过这些信号可以控制 SRAM 正确的工作；行译码模块和列译码模块分别控制字线和位线的选择。输入/输出控制模块用于控制当前 SRAM 的工作状态。灵敏放大器模块的采用主要是为了提高数据读出速度。存储阵列模块的基本组成部分是 SRAM 存储单元，在工作时一般通过字线译码模块来触发存储单元，然后由位线译码模块对所触发的存储单元进行读出或写入操作。

SRAM 芯片型号很多，封装形式也存在多种形式可选，但对外引脚的信号类型基本相同，如 Intel2114 芯片是容量为 1K×4 位的 SRAM 芯片，外特性如图 2.16 所示。

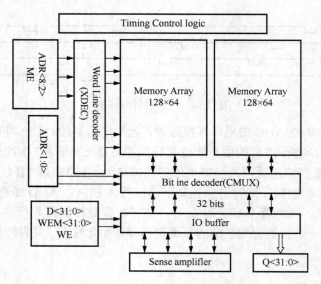

图 2.15　SRAM 基本组成模块

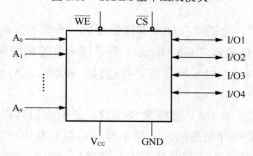

图 2.16　Intel2114 芯片示意图

图 2.16 中，引脚的信号类型主要包括地址、信号、控制总线。因芯片的存储容量为 1K×4 位，因此，地址线需要 10 根：A9～A0；数据线为四根，即 I/O1～I/O4。控制信号如下：$\overline{CS}$ 片选信号（低电平有效）；$\overline{WE}$ 为写允许信号（低电平有效）；Vcc 为电源端；GND 为接地端。

在这些信号中，$\overline{WE}$、$\overline{CS}$、地址总线的管理需要控制模块完成。其中，$\overline{WE}$ 和地址总线要与 ADC 的采样时钟匹配，一般情况下，ADC 每转换完成一个数据，存储器就要将这个数据写入当前的存储单元，并进行存储器地址加一，等待下一个数据的写入。

闪速存储器又称为快擦型存储器或闪存，它是在 EPROM 和 EEPROM 工艺基础上产生的一种新型的、具有性能价格比更好、可靠性更高的可擦写非易失性存储器。它既有 EPROM 的价格便宜、集成度高的优点，又有 EEPROM 可擦洗重写的特性。它具有整片擦除的特点，其擦除、重写的速度快。一块 1Mb 的闪速存储芯片的擦除、重写时间小于 5μs，比一般标准 EEPROM 的速度快得多，已具备了 RAM 的功能。它还具有高速编程的特点。下面以 K9F1G08 为例介绍与其相关的控制信号。

对闪存的操作主要包括无效块检测、写操作、读操作和擦除等。写操作有单字节写、多字节写和页写等方式，读操作有单字节读、多字节读和页读等方式，但对擦除操作来说只能按块为单位进行擦除，不能按页或更小的单位空间进行擦除。

K9F1G08 是三星公司的 NAND 式闪存，存储容量为 1GB，其对外引脚及其定义见表 2-1。图 2.17 和图 2.18 分别给出了这款闪存读、写的时序要求。

表 2-1 K9F1G08 对外主要引脚

引脚名称	引脚功能	方向	功能解释
I/O0~I/O7	数据输入/输出	双向	这些 I/O 引脚用来输入命令、地址和数据，以及通过读操作输出数据。当芯片未被选择时，这些 I/O 引脚浮置成高阻态，输出无效
CLE	命令锁存使能	输入	CLE 控制命令输入到命令寄存器中。当 CLE 为高时，在 $\overline{WE}$ 信号的上升沿，命令通过 I/O 接口锁存到命令寄存器中
ALE	地址锁存使能	输入	AL 控制地址输入到内部地址寄存器中。当 ALE 为高时，在 $\overline{WE}$ 信号的上升沿，命令通过 I/O 接口锁存到命令寄存器中
$\overline{CE}$	芯片使能信号	输入	片选信号控制芯片是否被选中。当芯片处于忙状态，$\overline{CE}$ 为高被忽略，并且芯片不会回到 stand by 状态
$\overline{RE}$	读使能	输入	$\overline{RE}$ 为串行数据输出控制，当它处在活动状态时，则数据驱动至 I/O 总线上。数据在 $\overline{RE}$ 的下降沿过后 TREA 时间后有效，并且内部列地址计数器自动加 1
$\overline{WE}$	写使能	输入	$\overline{WE}$ 控制向 I/O 接口写入。命令、地址和数据在 $\overline{WE}$ 的上升沿锁存
$\overline{WP}$	写保护	输入	$\overline{WP}$ 引脚在电源切换期间提供写/擦除保护。当 $\overline{WP}$ 为低时，内置高电压发生器复位
R$\overline{B}$	准备/忙 输出	输出	R$\overline{B}$ 输出指示器件操作的状态。当为低时，它指示一个编程，擦除会随机读操作进行，并在完成后返回一个高状态。它是一个开路集电极输出，当器件未被选择或输出无效时，它不会浮置成高阻态
Vcc	电源	输入	V_{CC} 是器件的电源供应
Vss	地	输入	
N.C	未连接	无	引线内部未连接

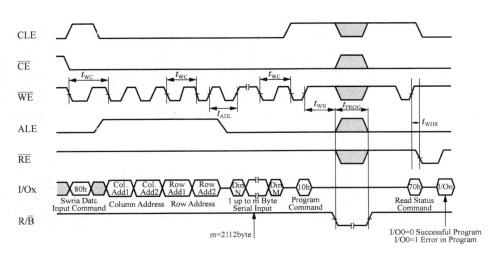

图 2.17 K9F1G08 数据写入时序

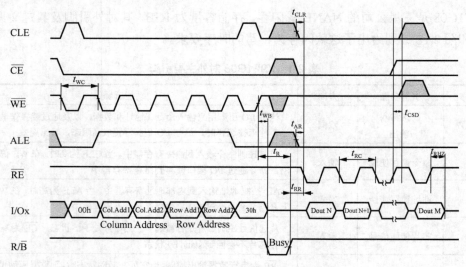

图 2.18　K9F1G08 数据读出时序

2.3.3　接口的控制

接口主要完成数据的上传，可以设计为通用接口形式如 RS232 等，也可以设计为专用形式，甚至进行加密处理。

目前在存储测试仪器中，因为体积的限制，采用专用接口，5 个引脚实现数据传输。5 个引脚分别如下。

引脚 1：VDD 作为计算机接口电源；

引脚 2：GND 作为计算机接口地；

引脚 3：SCK 作为计算机发编程及数据读取推进位；

引脚 4：TRX 作为计算机发数据传输位；

引脚 5：NOE 作为计算机发地址推进信号。

TRX、NOE、SCK 与计算机相连，TRX 为双向端口。读数时 TRX 为输出状态，计算机发 1 个 NOE 脉冲，然后发 SCK 正脉冲，依次读取数据（如 ADC 为 12 位，则发 12 个 SCK），再一次发 NOE 脉冲，重复上述过程，每当 NOE 脉冲的上升沿地址加 1（如图 2.19 所示）。图 2.19 是测试仪及其接口相关信号的仿真波形，图中，除与接口相连的 NOE、SCK 和 TRX 外，还有控制模块的 DIN（数据位）和地址 A19~A0，这些信号的配合可以在信号最少的情况下实现数据的传输。

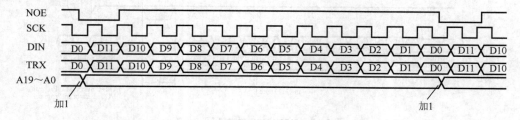

图 2.19　计算机读取测试数据时序

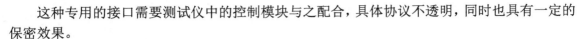

这种专用的接口需要测试仪中的控制模块与之配合，具体协议不透明，同时也具有一定的保密效果。

通用的数据接口有较常采用的 RS-422、CAN、LVDS 等。

习　　题

2-1　SoPC 所具备的基本特征主要包括哪些？

2-2　目前常用的采样策略主要有哪些，不同采样策略对采样时钟有何要求？

2-3　对闪存的操作主要包括哪些？

2-4　K9F1G08 对外主要引脚见表 2-2，请根据要求完善。

表 2-2　K9F1G08 对外主要引脚

引脚名称	引脚功能	方向	功能解释
I/O0～I/O7			这些 I/O 引脚用来输入命令，地址和数据，以及通过读操作输出数据。当芯片未被选择时，这些 I/O 引脚浮置成高阻态，输出无效
CLE			CLE 控制命令输入到命令寄存器中。当 CLE 为高时，在 $\overline{WE}$ 信号的上升沿，命令通过 I/O 口锁存到命令寄存器中
ALE		输入	ALE 控制地址输入到内部地址寄存器中。当 ALE 为高时，在 $\overline{WE}$ 信号的上升沿，命令通过 I/O 口锁存到命令寄存器中
$\overline{RE}$	读使能		
$\overline{WE}$	写使能	输入	

第 3 章　控制模块设计方法

在测试系统中，仪器的各个功能模块可以根据设计思想进行功能实现，由控制模块完成。控制模块由数字逻辑器件设计构成。控制模块是测试系统的核心部分，常以通用逻辑器件、ASIC 器件或可编程逻辑器件作为控制部件，实现对系统中电源的管理，高精度 A/D、D/A 的转换控制，存储器的读/写控制，接口器件的通信控制等。

3.1　数字逻辑电路设计方法概述

一个功能完备的"数字系统"是由若干个功能相对独立的"数字逻辑部件"组成的，如电子计算机是一个数字系统，而构成计算机的运算器、控制器、移位寄存器、存储器、译码器等则是数字逻辑部件。数字逻辑部件又称为"数字逻辑电路"，它是由单元电路（各种逻辑门电路和触发器）组成，或是把各单元电路集成在一个芯片上构成的，如专用型逻辑器件 ASIC 能把所设计的数字系统做成一片大规模的集成电路，不仅减小了电路的体积、重量、功耗，而且提高了电路的可靠性；可编程逻辑器件 PLD 作为通用器件生产后，内部的逻辑功能由用户通过对器件编程来设定，不需要再通过芯片制造商设计和制作，使得逻辑电路的设计更加灵活、方便。

数字逻辑电路的设计可以采用不同的方法，概括起来有两种设计方案供设计者选择。自底向上（bottom-up）的设计：从结构层开始，采用结构化单元和由少数行为级模块构成的层次式模型，逐级向上搭建出符合要求的系统。自顶向下（top-down）的设计：先对所要设计的系统进行功能描述，然后逐步分层细化，直至结构化最底层的具体实现。传统硬件电路的设计常采用自底向上（bottom-up）的设计方法，现代硬件电路的设计常采用自顶向下（top-down）的设计方法。

3.1.1　通用逻辑器件设计方法

在传统的硬件电路设计中，设计者根据系统的具体需要，选择市场上能买到的通用逻辑器件来构成所要求的逻辑电路，从而完成系统的硬件设计。这种设计方法主要有 2 个特征。

1. 采用自底向上的设计方法

自底向上的硬件电路设计方法是根据技术规格要求，对系统合理地划分功能模块，并画出系统的功能框图；接着就是选择通用逻辑器件，完成功能模块电路设计、调试；然后将各功能模块的硬件电路连接起来再进行系统的调试，最后完成整个系统的硬件设计，如图 3.1 所示。

第 3 章 控制模块设计方法

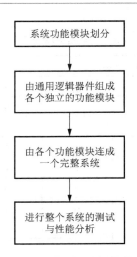

图 3.1 自底向上的硬件电路设计方法

下面以一个四位二进制计数器设计为例作一一说明。要设计一个四位二进制计数器,其方案是多种多样的,但是一个首要问题是,如何选择现有的逻辑元器件构成四位二进制计数器。因此,设计四位二进制计数器将首先从选择逻辑元器件开始。

第一步,选择逻辑元器件。由数字电路的基本知识可知,可以用与非门、或非门、D 触发器、JK 触发器等基本逻辑元器件来构成一个计数器。设计者根据电路尽可能简单,价格合理,购买和使用方便及各自的习惯来选择构成四位二进制计数器的元器件。本例中我们选择 D 触发器作为构成四位二进制计数器的主要元器件。

第二步,进行电路设计。

四位二进制计数器采用 4 个 D 触发器连接产生 16 种状态,四位二进制计数器的状态转移如图 3.2 所示。从这个状态转移图可以看到,在计数过程中计数器中 4 个触发器的状态是这样转移的:首先 4 个触发器状态均为 0,即 $Q_3Q_2Q_1Q_0=0000$,然后每来一个计数脉冲,其状态变化。

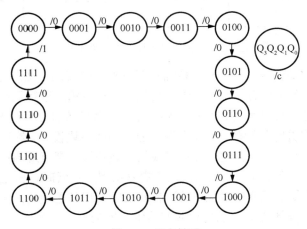

图 3.2 状态转移

在知道四位二进制计数器的状态变化规律以后,就可以列出每个触发器的前一个状态和后一个状态变化的状态,见表 3-1。从表中可以确定出 4 个触发器的连接关系。这样,一个四位二进制计数器的硬件电路设计就完成了,如图 3.3 所示。

表 3-1 电路的状态转换

计数顺序	电路状态				等效十进制数	进位输出
	Q_3	Q_2	Q_1	Q_0		
0	0	0	0	0	0	0
1	0	0	0	1	1	0
2	0	0	1	0	2	0
3	0	0	1	1	3	0
4	0	1	0	0	4	0
5	0	1	0	1	5	0
6	0	1	1	0	6	0
7	0	1	1	1	7	0
8	1	0	0	0	8	0
9	1	0	0	1	9	0
10	1	0	1	0	10	0
11	1	0	1	1	11	0
12	1	1	0	0	12	0
13	1	1	0	1	13	0
14	1	1	1	0	14	0
15	1	1	1	1	15	1

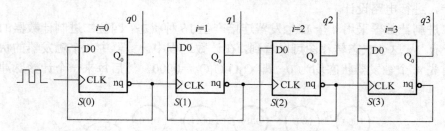

图 3.3 四位二进制计数器硬件电路

与四位二进制计数器模块设计一样，系统的其他模块也按此方法进行设计。在所有硬件模块设计完成以后，再将各模块连接起来，进行调试，如有问题则进行局部修改，直至整个系统调试完毕为止。从上述设计过程我们可以看到，系统硬件的设计是从选择具体元器件开始的，并用这些元器件进行逻辑电路设计，完成系统各独立功能模块设计，然后将各功能模块连接起来，完成整个系统的硬件设计。上述过程从最底层开始设计，直至最高层设计完毕，故将这种设计方法称为自底向上的设计方法。在 IC 设计的复杂程度较低时，自底向上的设计方法是相当有效的；但随着设计复杂程度的增加，设计者就很难处理其层次化的各个细节了。如果对较大规模的电路采用这种设计方法，就会导致产品生产周期长、可靠性差、开发费用高等问题。

2. 在系统硬件设计的后期进行仿真和调试

在传统的系统硬件设计方法中，仿真和调试通常只能在后期完成系统硬件设计以后，才能进行。因为进行仿真和调试的仪器一般为系统仿真器、逻辑分析仪和示波器等。因此只有在硬件系统已经构成以后才能使用。系统设计时存在的问题只有在后期才能较容易发现。这样，传统的硬件设计方法对系统设计人员有较高的要求。一旦考虑不周，系统设计存在较大缺陷，那么就有可能要重新设计系统，使得设计周期也大大增加。

3.1.2 ASIC及可编程逻辑器件设计方法

利用ASIC或可编程逻辑器件PLD进行系统设计已经成为现代数字系统设计的主要手段。专用集成电路（Application Specific IC，ASIC）就是按照特定的使用目的设计的集成电路。在可编程逻辑器件PLD被广泛应用之前，ASIC设计一般是指具有一定规模和特定使用目的的定制IC，但是随着PLD器件被广泛采用，ASIC的范围被延伸，已经不局限于定制的IC了。常用的设计方法有：全定制设计方法（Full-Custom Design Approach）、定制设计方法（Custom Design Approach）、半定制设计方法（Semi-Custom Design Approach）、硅编译法（Silicon Compiler）、可编程逻辑器件法（Programmable Logic Device）。对于同一个应用目的，可以采用不同的设计方法来实现设计目标。究竟选用哪种设计方法取决于应用场合和设计者的习惯。按照传统的IC设计方法，IC芯片从设计到流片成功存在很大的风险，在很大程度上限制了用户的使用。但现在EDA技术已经达到了在任何一个设计流程进行仿真和功能验证的水平，最后还可以利用FPGA进行功能模拟，这样使得流片的成功率几乎达到100%。

可编程逻辑器件PLD，可以将大量的分立器件进行单芯片实现，成本较低，使用灵活，设计周期短，而且可靠性高，风险小。现代的PLD器件可以实现在系统编程或工作现场编程。这种技术给设计者带来了极大的方便，因为使用者不需要修改硬件结构就可以重构电路功能，甚至在系统工作过程中可以利用编程实现系统功能重构，在电路硬件不变的情况下不同时段完成不同的系统功能。CPLD和FPGA就是目前应用最广泛的PLD。CPLD是复杂可编程逻辑器件（Complex Programmable Logic Device）的简称，FPGA是现场可编程门阵列（Field Programable Gate Array）的简称，两者的功能基本相同，编程等过程也基本相同，只是芯片内部的实现原理和结构有所不同。Altera和Xilinx公司是目前实力较强的两大可编程逻辑生产厂商。通常来说，在欧洲用Xilinx公司产品的人多，在日本和亚太地区用Altera的人多，在美国则是平分秋色。全球PLD/FPGA产品60%以上是由Altera和Xilinx提供的，可以说Altera和Xilinx共同决定了PLD技术的发展方向。

ASIC设计和可编程逻辑器件的设计都依赖于专用的EDA开发软件，ASIC设计可以采用硬件描述语言（HDL）输入、状态机和原理图输入。PLD设计采用HDL语言输入、原理图输入、状态机输入、波形输入。其中，利用硬件描述语言（VHDL、Verilog HDL、SystemC等）对硬件的行为进行描述，从而实现电路的最终功能，是一种将行为描述的设计文件以极少的时间、最小的代价，转换成一个硬件实体的方法。随着大规模专用集成电路（ASIC）的开发和研制，为了提高开发的效率，增加已有开发成果的可继承性以及缩短开发时间，各ASIC研制和生产厂家相继开发了用于各自目的的硬件描述语言。其中最有代表性的是美国国防部开发的VHDL语言（Very-High-Speed IC Hardware Description Language），Viewlogic公司开发的Verilog HDL以及日本电子工业振兴协会开发的UDL/I语言。

所谓硬件描述语言，就是可以描述硬件电路的功能、信号连接关系及定时关系的语言。它比电路原理图更有效地表示硬件电路的特性。例如，一个二选一选择器的电路原理图如图3.4（a）

所示，而用 VHDL 语言描述的二选一的选择器如图 3.4（b）所示。该设计方法的一个重要特征是利用硬件描述语言编程来表示逻辑器件及系统硬件的功能和行为。

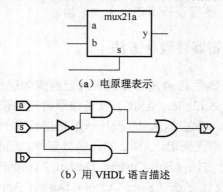

(a) 电原理表示

(b) 用 VHDL 语言描述

图 3.4　二选一选择器描述

采用 EDA 技术和 HDL 语言设计数字系统硬件的方法有以下 3 个特点。

1. 采用自顶向下（top—down）的设计方法

所谓自顶向下的设计方法，就是从系统总体要求出发，自顶向下地逐步将设计内容细化，最后完成系统硬件的整体设计。自顶向下技术是各方面知识的综合应用，设计者必须从系统的角度来分析一个设计，同时还要对数字电路结构、EDA 工具工作原理、微电子等有关知识有一个比较全面的了解，才能充分发挥自顶向下设计的优势，提高电路设计的质量和效率。仿真和综合只是系统实现的手段，要成功地完成一个复杂系统的设计，不仅要熟练地使用先进的高层次设计工具，同时要对系统本身有正确理解。因此在高层次设计方法中，对电路的正确理解是一个成功设计的基础，对高层次设计方法的正确运用是一个成功设计途径，忽视哪一方面都无法成功地设计出高性能的电路。在利用 HDL 的硬件设计方法中，设计者将自顶向下分成三个主要阶段对系统硬件进行设计，可分为系统设计、系统综合优化、系统实现，如图 3.5 所示，各个阶段之间并没有绝对的界限。

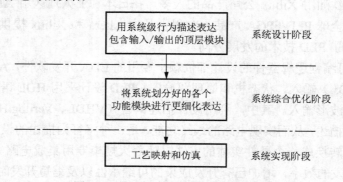

图 3.5　自顶向下的硬件电路设计方法

第一阶段是系统设计，是整个设计流程中最重要的部分，包括系统功能分析、系统功能描述和功能仿真，是后续工作的基础。进行系统功能分析的目的在于进行系统设计之前明确系统的需求，也就是明确系统所要完成的功能、系统的输入/输出以及这些输入/输出之间的关系等，并且要确定系统的时序要求，并完成系统的模块划分；系统功能描述也就是使用 VHDL 对系统进行编码实现；系统功能仿真（Functional Simulation）是用来验证设计者所编写的 VHDL 代码是否完成了预定的功能。几乎所有的高层设计软件都支持语言级的系统仿真，这样在系统综合前就可以通过系统功能仿真来验证所设计系统的功能正确与否。

在系统功能描述时，可以使用行为描述方式或寄存器传输描述（RTL）方式。所谓行为描述，实质上就是对整个系统的数学模型的描述。一般来说，对系统进行行为描述的目的是试图在系统设计的初始阶段，通过对系统行为描述的仿真来发现设计中存在的问题。在行为描述阶段，并不真正考虑其实际的操作和算法用什么方法来实现。考虑更多的是系统的结构及其工作过程是否能达到系统设计要求。下面仍以四位二进制计数器为例，说明一下如何用 VHDL 语言，以行为方式来描述它的工作特性，如例 3.1 所示。

例 3.1：

```
LIBRARY IEEE ;
USE IEEE.STD_LOGIC_1164.ALL ;
USE IEEE.STD_LOGIC_UNSIGNED.ALL ;
ENTITY CNT4 IS
PORT ( CLK : IN STD_LOGIC ;
       Q : OUT STD_LOGIC_VECTOR(3 DOWNTO 0) ) ;
END ;
ARCHITECTURE bhv OF CNT4 IS
SIGNAL Q1 : STD_LOGIC_VECTOR(3 DOWNTO 0);
BEGIN
  PROCESS (CLK)
  BEGIN
     IF  CLK'EVENT AND CLK = '1'  THEN
         Q1 <= Q1 + 1 ;
     END IF;
         Q <= Q1 ;
  END PROCESS ;
END bhv;
```

从例 3.1 可以看出，该段 VHDL 程序语言描述了四位二进制计数器的输入/输出引脚和内部计数过程。这实际上是计数器工作模型的描述。当该程序仿真通过以后，说明四位二进制计数器模型是正确的。系统采用 RTL 方式描述，能更直接地导出系统的逻辑表达式，便于进行逻辑综合。与例 3.1 行为方式描述等价的四位二进制计数器的 RTL 描述，如例 3.2 所示。

例 3.2：

```
LIBRARY IEEE;
USE IEEE.STD_LOGIC_1164.ALL;
ENTITY dff1 IS
PORT ( d, clks : IN STD_LOGIC ;
       q : OUT STD_LOGIC ;
       nq : OUT STD_LOGIC );
END ENTITY dff1;
ARCHITECTURE behv OF dff1 IS
BEGIN
  PROCESS(CLKS)
    BEGIN
      IF clks = '1' AND clks'EVENT
      THEN q <= d;
           nq <= NOT d;
```

```
            END IF;
        END PROCESS;
END ARCHITECTURE behv;
LIBRARY IEEE;
USE IEEE.STD_LOGIC_1164.ALL;
ENTITY cbn is
GENERIC (n : INTEGER := 4);
PORT (q : OUT STD_LOGIC_VECTOR (0 TO n-1);
      in1 : IN STD_LOGIC );
END ENTITY cbn;
ARCHITECTURE rtl OF cbn IS
COMPONENT dff1
  PORT(d, clks : IN STD_LOGIC;
       q, nq : OUT STD_LOGIC);
END COMPONENT dff1;
SIGNAL s : STD_LOGIC_VECTOR(0 TO n);
BEGIN
     s(0) <= in1;
  q1 : FOR i IN 0 TO 3 GENERATE
     m : IF (i=0) GENERATE
        dff : dff1 PORT MAP (s(i+1), clks, q(i), s(i+1));
         END GENERATE m;
     n IF (i/=0) GENERATE
        dff : dff1 PORT MAP (s(i+1), s(i), q(i), s(i+1));
         END GENERATE n;
     END GENERATE q1;
END ARCHITECTURE rtl;
```

在该例中 D 触发器在第一段程序中已被定义,下面可以直接引用。例中的构造体直接描述了它们之间的连接关系。与例 3.1 相比,例 3.2 更趋于实际电路的描述。在把行为方式描述的程序改写为 RTL 方式描述的程序时,编程人员必须深入了解逻辑综合工具的详细说明和具体规定,这样才能编写出合格的 RTL 方式描述的程序。

第二阶段是系统综合优化,主要包括综合优化和门级仿真。在完成系统功能仿真后,接下来的工作就是系统的综合优化,利用逻辑综合工具将行为描述或 RTL 方式描述的程序转换成用基本逻辑元件表示的文件(门级网络表),再对产生的电路进行优化。主要工作是在优化上进行的,判断一个综合器性能的标准也是基于这一方面的。系统优化的目的就是花费最小的硬件资源满足最大的时序要求,所以系统优化就是在系统的速度和面积之间找到一个最佳方案(Trade—Off)。系统优化的关键在于系统约束条件的设定,施加到系统的约束条件将使综合器对系统的优化按照设计者所期望的目标进行。

综合工具可以从综合优化后的电路中提取出系统门级描述文件。该文件不仅包含完成系统功能所需的元件,而且也包含电路元件的一些时序信息,但不包含元件之间的连线信息。可以使用该文件替代原来的设计文件作为 UUT 和 testbench 连接在一起进行仿真,这就是门级仿真。门级仿真比功能仿真可以更精确地反映电路的时序特性,经门级仿真的电路通过布局布线后仿真的可能性增大。门级仿真只是一个中间过程,主要是针对进行 ASIC 设计时,在生产厂家的工艺库上布局布线的流程较为烦琐,进行门级仿真可以在布局布线之前最大限度地发现问题而节省时间。如果进行布局布线后时序仿真的条件便利,很多情况下就不需要进行门级仿真工作,比如在使用可编程器件(FPGA 或 CPID)实现电路时,设计者可以相对容易地获得布局布线后提取出的延时信息文件,那就不需要进行门级仿真工作。

由逻辑综合工具产生门级网络表后,在最终完成硬件设计时,还可以有两种选择。第一种是由自动布线程序将网络表转换成相应的 ASIC 芯片的制造工艺,做出 ASIC 芯片。第二种是将网络表转换成 FPGA(现场可编程门阵列)的编程码点,利用 FPGA 完成硬件电路设计。

第三阶段是系统实现,主要包括布局布线和时序仿真。如果系统综合优化的结果满足设计者的要求,就可以进行系统实现的工作。在一般的 ASIC 设计中,设计者应该将综合后电路的网表文件和设计的时序要求,交给 IC 生产厂家进行下一步的工作。系统实现的工作主要是将用户的设计在生产厂家的工艺库上进行布局布线,最后得到电路的具体实现。布线时所遇到的最大问题是布通率,一般情况下在布局布线时要加入一定的人工干预,诸如改变引脚的位置、特殊功能块的安排等。在进行完布局布线工作后要进行电路参数的提取,并将这个文件交给投片方进行系统的后仿真。在这个文件中不但包含器件的延时信息也包含器件之间的连线延时信息,使用这些时序信息所作的系统仿真真实地反映了电路的实际工作情况,如果系统的速度和时序关系达到要求,就可以进行流片工作,这是整个设计的最后一道保障。

2. 降低了硬件电路设计难度

在采用传统的硬件电路设计方法时,往往要求设计者在设计电路前应写出该电路的逻辑表达式或真值表(或时序电路的状态表)。这一工作是相当困难和繁杂的,特别是在系统比较复杂时更是如此。例如,在设计四位二进制计数器时,必须编写输入和输出的真值表和状态表。根据表中的关系,写出逻辑表达式,并用相应的逻辑元件来实现。在用 HDL 语言设计硬件电路时,就可以使设计者免除编写逻辑表达式或真值表之苦。这样使硬件电路的设计难度有了大幅度的下降,从而也缩短了硬件电路的设计周期。

3. 用 HDL 语言的源程序作为归档文件的好处

而采用 HDL 语言设计系统硬件电路时,主要的设计文件是用 HDL 语言编写的源程序。用 HDL 语言的源程序作为归档文件有很多好处。其一是文件小,便于保存;其二是可移植性好。当设计其他硬件电路时,可以使用文件中的某些库、进程和过程等描述某些局部硬件电路的程序;其三是阅读方便,可以很容易在程序中看出某一硬件电路的工作原理和逻辑关系。

3.2 控制模块的状态设计

一个数字系统的工作模式通常依靠控制模块实现功能。控制模块的设计,首先应该明确模块的输入、输出信息,再细化内部的子模块,并同时考虑子模块的匹配关系,最后对子模块的逻辑关系进行实现。如一个测试记录仪的逻辑控制功能,主要包括对 ADC、存储器、接口、通道选择等控制,可以采用状态图方式进行设计。

3.2.1 状态图及其组成

状态设计,是根据系统功能确定系统状态组织结构的过程。它是实现功能设计的关键一环,是建立系统的有效手段。状态设计可以使设计思想清晰地贯穿于设计和调试的始终,可以不同程度地简化原本复杂的设计过程。状态设计方法,就是在统观全局的基础上,在总体设计的过程中，首先要把系统的工作过程抽象成为若干个具备显著特征的功能节点的设计方法。

状态图是状态设计的一种表现形式，可以直观地分析整个系统的工作过程和功能的实现过程，是硬件设计的依据。状态图是状态及状态转换的一种描述方式，缜密地绘制并研究状态图，可以帮助我们检验测试系统是否完全满足技术要求、状态及状态的转换能否实现、是否合乎经济性和实用性，等等。

状态图主要由圆圈、箭头、短横线、说明文字等部分组成，如图3.6所示。

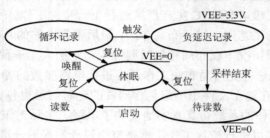

图3.6 状态图组成示意图

圆圈表示各个状态，状态的主要特征在圆圈内用文字表示；用箭头表示状态转换的条件；短横线表示当前状态的关键特点。状态图设计与状态描述的统一就完成了状态设计，可以从不同的角度状态划分，一般是将被测对象的运动状态与电路的状态作为划分的依据。

3.2.2 控制模块状态图设计

一个测试系统控制模块的功能主要体现在采样策略设计上，不同的采样策略控制方式是不同的。采样策略的实现包括采样频率确定、存储器读/写控制、触发信号选择等，如图3.7所示。

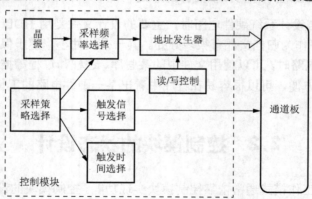

图3.7 控制模块主要功能框图

采样策略包括定频率和变频率采样策略两种。每种采样策略需要的触发信号类型包括计数触发、内触发、外触发和人工触发。触发信号出现的时间也可以调节。

存储测试记录仪工作的主要状态图，如图3.8所示。

测试记录仪工作时先上电，然后通过专用电缆与基于计算机的虚拟面板连接，由用户进行工作参数选择。选择完成，测试记录仪按照新的参数进行配置并工作，数据采集、存储完成，指示灯亮，表示可以读取数据。当再次与虚拟面板连接后，通过计算机发出读数指令，将数据读出，实验完成。通过复位操作使测试记录仪恢复到默认状态，等待下一次实验。

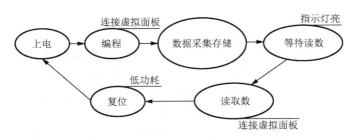

图 3.8　测试记录仪工作过程状态图

存储测试的特征在于对数据的无失真实时存储记录，采样频率和存储容量是其关键的工作参数，也是影响测试仪应用范围的重要指标。存储测试系统的存储容量 M 与系统的采样频率 f_s、记录时间 T 密切相关，如式（3-1）所示：

$$M = T \times f_s \tag{3-1}$$

其中，f_s 由被测信号的频带范围决定，并满足香农采样定理的要求。由于被测物体在不同运动阶段的变化过程不同，可导致其最高频率变化范围相差几十甚至上百倍。如果采用固定频率采样，由缓变过程确定的采样频率，在速变过程会导致频率混叠；而根据速变过程确定的采样频率，对于长时间的缓变过程采样又会导致存储器的容量不足。因此，如何确定 f_s 成为匹配不同特性参数采样和缓解存储容量要求的关键。

采样策略是解决采样和系统存储容量、测量时间等因素关系的方法。针对不同被测对象的特性，采样的策略有所不同。

1. 定频率采样策略

定频率采样策略在整个信号采集过程中，采样频率固定，测试数据的时间间隔均匀，适用于变化规律单一的被测参数测试。这种采样策略的关键是确定测试过程中的采样频率值，一般为防止信号发生混叠，依据香农采样定理来确定采样频率。

一个频谱受限信号 $f(t)$ 的最高频率为 f_m，则 $f(t)$ 可以用不大于 $T=1/(2f_m)$ 的时间间隔的采样值唯一地确定。采样定理表明在什么条件下，采样信号能够保留原信号的全部信息，如式（3-2）所示：

$$T = \frac{1}{f_s} \leqslant \frac{1}{2f_m} \tag{3-2}$$

然而，实际信号的频谱不会是严格的带限信号，只是随着频率升高，振幅 $|F(\omega)|$ 很快衰减而已。在工程实际中为更好地恢复原信号，一般采样频率会大于信号最高频率的 5～10 倍。

定频率采样策略的状态图如图 3.9 所示，状态主要包括循环记录、负延迟记录状态。编程进入定频率采样策略存储器将采集的数据循环写入，新数据不断地覆盖旧数据，当触发信号产生时，存储器记录一定的数据，停止采集。

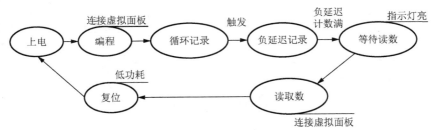

图 3.9　定频率采样状态图

2. 变频率采样策略

变频率采样策略的核心思想是在能完整反映被测信号所有信息的前提下，减少冗余数据的存储，最大限度地发挥存储有效性。在某些情况下，被测对象的运动过程可以分为多个子过程，而每个子过程被测信号的频带范围不同且差异较大，如弹丸发射、飞行、撞击目标时的加速度信号。为了解决混叠和存储器容量有限的矛盾，可采用变频率采样策略。

这种采样策略首先根据对被测对象运动过程的分析，而进行子过程的划分，依据是每个子过程被测信号的频带具有较大差异；其次，根据每个子过程信号变化特点确定对应的采样频率；最后，进行控制逻辑设计，控制子阶段变化，同时采样频率切换为适合值。在实现这种变频率采样策略时，关键问题是进行子过程的识别和采样频率的切换，这些功能的实现要依靠逻辑设计，通过触发信号进行。

存储测试系统中常用的触发信号包括三种类型：

（1）外部动作信号——外触发信号。在某些情况下，被测对象运动过程会或允许与外部有一些联系，如发射过程，弹丸脱离会引起包覆线缆的断裂，产生一个断电信号。这类信号是被测对象运动阶段比较明显的标志，因此可以成为状态识别的触发信号。

（2）被测信号——内触发信号。被测信号在被测对象运动过程中，也具有较明显的阶段性，利用这个特点也可以将被测信号作为状态识别的触发信号。

（3）计数触发。在对被测信号的变化（主要是时间信息）有一些先验了解的情况下，被测信号在某个或某几个子过程的持续时间可以作为触发信号进行状态转换的标志。如弹丸出炮口至撞击目标的飞行时间可以基本确定，出炮口时开始计时，时间到时产生一个触发信号，控制状态进行转换。计时由计数器完成，计数值由计数器的时钟、设定时间确定，按照增计数或减计数的方式计时，计满后产生一个触发信号。

触发信号的类型根据测试的具体情况由用户编程选择，不同的子过程可以对应不同类型的触发信号，这些信息也以编程位的形式输入至触发控制模块。一个触发信号是否有效由用户编程选择的触发信号类型、当前状态共同决定。触发控制模块接收到触发信号时，先进行当前状态识别确认属于第几个子过程，再将用户选择的由当前子过程转入下一个子过程的触发信号选择编程信息与接收的触发信号类型等参数比对，一致时认为此触发信号有效并接收，否则，不产生任何响应。

变频率采样策略的状态图如图 3.10 所示，与定频率采样相比，循环记录状态后是三个记录状态。这三个状态具有不同的采样频率，进入状态的触发信号类型也可以有所不同，根据实

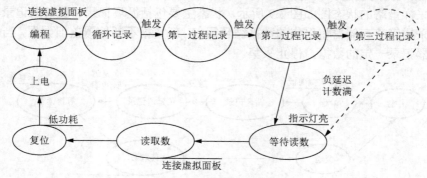

图 3.10　变频率采样状态图

际情况而定。其中，编程设置为变频率采样策略，最少包括第一记录过程和第二记录过程，第三记录过程是否需要也是根据具体的采集任务而定。因此，在图 3.10 中第三记录过程及相关连线用虚线标出，表示可选。三个过程的具体参数及触发类型，相应参数等也是通过编程过程由用户确定的。

3.3　系统功能模块划分与接口

数字逻辑电路进行系统分析的首要任务是对数据通路和控制通路的设计。在数字系统的设计中，系统的控制是建立在数据通路的基础之上的，不同的数据通路对应于不同的控制通路。数据通路的设计包括被处理数据的类型分析、处理单元的划分以及处理单元之间的关联程度等。控制通路是数据通路上数据传输的控制单元，用于协调数据处理单元之间的关系；控制通路的设计主要包括数据的调度、数据的处理算法和正确的时序安排等。

作为一个系统，存储测试系统具有整体性、目的性、层次结构等一般系统的基本特征。它包含以下基本要素：

（1）转换被测参数，并采用最小限度影响被测对象的传感器或信号接口模块。
（2）快速数据采集与存储记忆器。
（3）长时间信息保持单元。
（4）与计算机交换信息的接口电路。
（5）保证电路系统正常工作的环境保护器。
（6）方便回收的位置指示器。明确了设计系统要求后，需要对系统功能进行划分。

3.3.1　模块划分原则

在自顶向下的设计流程中，处理复杂事务时常采用层次结构方法，这种方法可以把复杂的问题分解成较小的、更容易解决的问题。层次结构对处理数字系统设计中的复杂问题是非常重要的，它能够影响设计的物理实现和设计的电路质量，而且与设计的电路能否重用也有密切关系。设计人员采用层次化来描述电路，首先应该确定这个系统的工作时钟，在设计中使用时钟限制可以综合出并行或串行的电路。从高层次上讲，ASIC 设计一般由 RAM、ROM、控制通路（控制部分）和数据通路（受控部分）组成；控制通路和数据通路又是由诸如 ALU、寄存器堆、状态机和随机逻辑组成的。分层设计可以使设计人员更容易地控制综合的结果接近期望的目标。

在系统分析时，应根据功能的耦合程度，将系统划分为不同的功能模块，每一个功能都映射到一个模块，同时还需要确定模块之间的相互关系，这是模块化设计的基本要求。在对系统进行模块划分的时候，需要遵循以下几个原则：

（1）模块独立性最大原则。使模块具有最大的独立性，是划分模块的最重要、也是最基本的原则或标准。要达到这个标准，一是要求模块的内聚性最大，二是要求模块之间的耦合性最弱。

（2）恰当地掌握好模块的大小原则。究竟划分多大的模块最合理，很难给出绝对的标准。通常认为，一个模块的程序最好能写在一张纸上，程序行数在 50～100 行的范围内比较合理。

（3）相关的硬件部分集中的原则。尽可能地把可能变动的部分集中在一起，以便在确有变动时能方便地处理，减少影响的范围。

（4）消除重复的工作，建立公用模块，以减少冗余的原则。这对程序的编写、调试乃至维护都是十分有益的。

（5）保持合理的模块扇入数和扇出数原则。一个模块直接控制的下属模块的个数，称为该模块的扇出数/跨度；一个模块可能被多个模块所调用，例如公用模块，其上级模块个数称为该模块的扇入数。

除了上面介绍的 5 点原则，在模块划分的具体过程中可以将存储逻辑独立划分成模块，也可以按照优化目标或约束目标的不同进行划分。

3.3.2 功能模块划分

一个测试系统控制模块完成整个记录仪硬件部分的逻辑控制功能，提供触发定时控制和存储器的地址，控制器通过计算机接口与计算机通信，在计算机的控制下读取各个通道的数据，计算机给控制器编程，可以设定记录仪的采样频率、延迟设置及各通道的增益。

控制模块的功能划分包括电源模块，模拟板模块，数字板模块和接口模块。其中具体的逻辑又包括量程的选择，通道译码器，地址发生器，状态控制逻辑，读出控制逻辑，延迟计数逻辑，触发逻辑，采样频率逻辑等，如图 3.11 所示。

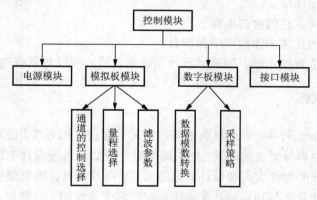

图 3.11　控制模块的功能划分

3.3.3 常用接口与总线

目前的仪器尤其是一些功能较为复杂、智能化的仪器还需要接口部分。通用标准接口使得不同系统，尤其是不同厂家的产品能够互联，如 RS-232（串行）、USB、IEEE-1394；20 世纪 70 年代后，相继出现过多种供自动测试系统使用的标准接口总线，这些总线有着各自的特色和不同的应用场合，如 PCI、GPIB、VXI 等。

1. 接口

仪器通信接口是按照一定的协议进行的，能够完成仪器之间或仪器与计算机之间的信息交换和传输。

1）串行接口

串行接口主要有 RS-232、RS-422、RS-485 等。

（1）RS-232 接口。RS-232 接口标准是个人计算机上的通信接口之一，由电子工业协会（Electronic Industries Association，EIA）所制定的异步传输标准接口。通常 RS-232 接口以 9 个引脚（DB-9）或 25 个引脚（DB-25）的形态出现，一般个人计算机上会有两组 RS-232 接口，分别称为 COM1 和 COM2。在多数情况下主要使用主通道，对于一般双工通信，仅需几条信号线就可实现，如一条发送线、一条接收线及一条地线。RS-232 标准规定的数据传输速率为 50、75、100、150、300、600、1200、2400、4800、9600、19200 波特。RS-232 标准规定，驱动器允许有 2500pF 的电容负载，通信距离将受此电容限制。RS-232 接口芯片如 MAXIM 公司的 MAX3232CPE，它具有专用低压差发送器输出级的收发器，利用双电荷泵在 3.0V 至 5.5V 电源电压下可实现真正的 RS-232 性能，芯片连接仅需四个 0.19F 的外部电容。MAX3232CPE 具有 2 路接收器和 2 路驱动器，可以在 120kbps 数据速率下维持 RS-232 输出电平。

（2）RS-422 接口。RS-422 由 RS-232 发展而来，是为弥补 RS-232 的不足而提出的，为改进 RS-232 通信距离短、速率低的缺点，RS-422 定义了一种平衡通信接口，将传输速率提高到 10Mb/s，传输距离延长到 4000 英尺（速率低于 100kb/s 时），并允许在一条平衡总线上连接最多 10 个接收器。RS-422 的数据信号采用差分传输方式，也称为平衡传输，这使传输信号在外部的电磁干扰具有很大噪声的系统中显得尤为重要。RS-422 接口芯片如 MAX3490，实现 RS-422 总线电平与 LVTTL 电平的转换。该芯片采用 3.3V 电压，具有 1 路接收器和 1 路驱动器，可以实现双工通信。它的最高数据传输速率为 12Mbps。

（3）RS-485 接口。RS-485 最大的通信距离约为 1219m，最大传输速率为 10Mb/s，传输速率与传输距离成反比，在 100kb/s 的传输速率下，才可以达到最大的通信距离，如果需传输更长的距离，需要加 485 中继器。RS-485 总线一般最大支持 32 个节点，如果使用特制的 485 芯片，可以达到 128 个或者 256 个节点，最大的可以支持 400 个节点。RS-485 接口组成的半双工网络，一般是两线制（以前有四线制接法，只能实现点对点的通信方式，现很少采用），多采用屏蔽双绞线传输。这种接线方式为总线式拓扑结构，在同一总线上最多可以挂接 32 个节点。在 RS-485 通信网络中一般采用主从通信方式，即一个主机带多个从机。很多情况下，连接 RS-485 通信链路时只是简单地用一对双绞线将各个接口的"A"、"B"端连接起来。RS-485 接口连接器采用 DB-9 的 9 芯插头座，与智能终端 RS-485 接口采用 DB-9（针），与键盘连接的键盘接口 RS-485 采用 DB-9（针）。RS-485 接口芯片如 MAX3485，该芯片为 3.3V 电压供电的半双工收发器，具有 1 路接收器和 1 路驱动器。其中 DE／RE 端用于选择接收还是发送，最高的数据传输速率可以达到 12Mbps。

2）USB 接口

USB 是一种常用的 PC 接口，只有 4 根线，两根电源线，两根信号线，故信号是串行传输的。USB2.0 接口的输出电压和电流分别是+5V、500mA，但实际上有误差，最大不能超过±0.2V 也就是 4.8～5.2V。

USB 接口技术标准起初是由 Inter、康柏、IBM、微软等 7 家电脑公司于 1995 年制定的，后来发展到 USB1.1 标准。1999 年推出它的最新版本 USB2.0 标准。USB2.0 向下兼容 USB1.1，其数据的传输速率达 120～240Mbps，支持宽带数字摄像设备及扫描仪、打印机和存储设备。目前普遍采用的 USB1.1 主要应用在中、低速外部设备上，提供的传输速率有低速（1.5Mpbs）和全速（12Mbps）两种。一个 USB 端口可同时支持全速和低速的设备访问。USB 总线会根据外设情况在两种传输模式中自动地动态转换。USB 是基于令牌的总线，类似于令牌环网络或 FDDI 基于令牌的总线。USB 主控制器广播令牌，总线上设备检测令牌中的地址是否与自身相符，通过接收或发送数据给主机来响应。

USB 接口主要具有以下特点：

① 容许热插拔：用户在使用外接设备时，不需要重复"关机将并口或串口电缆接上再开机"这样的动作，而是直接在计算机工作时，就可以将 USB 电缆插上使用。

② 低成本：为了把外围设备连接到 PC 上去，USB 提供了一种低成本的解决方案，将所有系统的智能机制都驻留在主机内，并嵌入芯片组中，以方便外设的制造。

③ 单一的连接器类型：USB 定义了一种简单的连接器，仅有一个 4 芯电缆连接任何一个 USB 设备。多个连接器可以通过 USB 集线器连接。

④ 携带方便：USB 设备大多以"小、轻、薄"见长。

⑤ 标准统一：常见的是 IDE 接口的硬盘，串口的鼠标键盘，并口的打印机扫描仪。可是有了 USB 之后，这些应用外设统统可以用同样的标准与个人计算机连接，这时就有了 USB 硬盘、USB 鼠标、USB 打印机等。

⑥ 可以连接多个设备：每个 USB 总线支持 127 个设备连接，连接形式为树状拓扑。

⑦ 多种传输速率：低速或全速设备 USB1.1 有两种设备传输速率：1.5Mbps 和 12Mbps，且二者自适应转换。USB2.0 目前最高传输速率可达 480Mbps。较低传输速率适合低速、低成本的 USB 设备，因为低传输速率时数据线不需要带屏蔽，降低了所使用的数据线的成本。

⑧ 不需要系统资源：USB 设备不需要占用内存或 I/O 地址空间，而且也不需要占用 IRQ 和 DMA 通道，所有的事务处理都由 USB 主机管理。

⑨ 支持 4 种类型的传输方式：USB 定义了 4 种不同的传输类型来满足不同设备的需求。这些传输类型包括：控制传输，等时传输（适用于音/视频设备等，无纠错），中断传输及数据块传输（适用于打印机、扫描仪、数码相机等）。

3）IEEE 1394 接口

IEEE1394 是 IEEE 标准化组织制定的一项具有视频数据传输速度的串行接口标准。这种接口标准允许把计算机、计算机外部设备、各种家电非常简单地连接在一起。标准定义了两种总线数据传输模式，即 backplane（背板）模式和 cable（线缆）模式。其中 backplane 模式支持 12.5/25/50Mbps 的传输速率；cable 模式支持 100/200/400Mbps（1394a）的速率。所以我们既可以把它称为总线，也可以把它称为接口。IEEE-394 的原型是运行在 Apple Mac 计算机上的 Fire Wire（火线），由 IEEE 采用并且重新进行了规范。它定义了数据的传输协定及连接系统，可用较低的成本达到较高的性能，以增强计算机与外设如硬盘、打印机、扫描仪，与消费性电子产品如数码相机、DVD 播放机、视频电话等的连接能力。

在可预见的未来，USB 和 1394 将同时存在，提供不同的服务，不需要高速数据传输的外设可能将仍采用 USB。最终，PC 将都采用 USB 和 1394 串口来处理所有外部输入/输出，简化 PC 外设的连接。

IEEE-1394 接口主要具有以下特点：

① IEEE-1394 总线是一种比并行总线便宜的设计。相对于像 IDE 或 PCI 这样的并行总线来说，省去了更多的控制软件和连接导线等技术实现的成本。而且节省空间。串联线体积更小，使用更加方便。

② 可升级性：支持 100/200/400Mbps 的速度。

③ 热插拔：无须将系统断电就可以动态加入和移除设备。

④ 即插即用：每次加入或移除设备时，总线会自动枚举，节点会自动配置，无需主机干预。

⑤ 支持点到点：串行总线设备能自主执行事务，无需主机 CPU 的干预。

2. 总线

随着当今世界的信息化程度高速发展，各种不同功能的电子设备越来越多，由于使用场合及空间大小等因素局限，将这些数量大、种类多的电子设备在达到资源和功能共享的前提下进行有效综合，显得势在必行，已经成为科技发展的迫切要求。总线技术是使用最广泛、有效的综合化技术。综合化电子系统通常由多个子系统通过总线接口经总线介质互联而成，子系统与同一网络中的其他系统通过网络实现资源共享，这样就有效地减小了系统的体积和重量，提高了系统的综合效率，并且为重构、容错等实现提供了可能性。

1）PCI 总线

PCI 是由 Intel 公司于 1991 年推出的一种同步的独立于处理器的 32 位或 64 位局部总线，最高工作频率为 33MHz，峰值速度在 32 位时为 132MB/s，64 位时为 264MB/s。从结构上看，PCI 是在 CPU 和原来的系统总线之间插入的一级总线，具体由一个桥接电路实现对这一层的管理，并实现上下之间的接口以协调数据的传送。管理器提供了信号缓冲，使之能支持 10 种外设，并能在高时钟频率下保持高性能。

PCI 总线主要具有以下特点：

（1）高速性。PCI 局部总线以 33MHz 的时钟频率操作，采用 32 位数据总线，数据传输速率可高达 132MB/s，远超过以往各种总线。而早在 1995 年 6 月推出的 PCI 总线规范 2.1 已定义了 64 位、66MHz 的 PCI 总线标准。因此 PCI 总线完全可为未来的计算机提供更高的数据传送率。另外，PCI 总线的主设备（Master）可与微机内存直接交换数据，而不必经过微机 CPU 中转，也提高了数据传送的效率。

（2）可靠性。PCI 独立于处理器的结构，形成了一种独特的中间缓冲器设计方式，将中央处理器子系统与外围设备分开。这样用户可以随意增添外围设备，以扩充计算机系统而不必担心在不同时钟频率下会导致性能的下降。PCI 总线增加了奇偶校验错（PERR）、系统错（SERR）、从设备结束（STOP）等控制信号及超时处理等可靠性措施，使数据传输的可靠性大为增加。

（3）复杂性。PCI 总线强大的功能大大增加了硬件设计和软件开发的实现难度。硬件上要采用大容量、高速度的 CPLD 或 FPGA 芯片来实现 PCI 总线复杂的功能。软件上则要根据所用的操作系统，用软件工具编制支持即插即用功能的设备驱动程序。

（4）自动配置。PCI 总线规范规定 PCI 插卡可以自动配置。PCI 定义了 3 种地址空间：存储器空间，输入/输出空间和配置空间，每个 PCI 设备中都有 256 字节的配置空间用来存放自动配置信息，当 PCI 插卡插入系统，BIOS 将根据读到的有关该卡的信息，结合系统的实际情况为插卡分配存储地址、中断和某些定时信息。

（5）扩展性好。如果需要把许多设备连接到 PCI 总线上，而总线驱动能力不足时，可以采用多级 PCI 总线，在这些总线上均可以并发工作，每个总线上均可挂接若干设备。因此 PCI 总线结构的扩展性是非常好的。由于 PCI 的设计是要辅助现有的扩展总线标准，因此与 ISA、EISA 及 MCA 总线完全兼容。

（6）多路复用。在 PCI 总线中为了优化设计采用了地址线和数据线共用一组物理线路，即多路复用。PCI 接插件尺寸小，又采用了多路复用技术，减少了元件和管脚个数，提高了效率。

2）VXI 总线

VXI 总线是在 GPIB 总线和 VME 总线基础上发展起来的一种新型仪器系统总线，其数据的传输速率可达 100MB/s，具有小型便携、使用方便、数据传输率高、开放式模块化结构、标准化程度高、兼容性强、可扩充性好的优点。另外，VXI 模块仪器还具备可重复使用、便于充分发挥计算机效能、易于利用数字信号处理等新的原理和技术构成虚拟仪器的优点，便于接入计算机网，构成信息采集、传输和处理一体化的网络。

VXI 总线主要具有以下特点：

（1）以功能强、技术平台完善的 VME 微机总线为基础，采用模块化、插卡式结构，可根据不同的测量要求灵活地选配成自动测量系统。

（2）高数据吞吐量。与 VMEbus 数据总线相兼容的 VXIbus 背板数据传输率其理论值可达 40Mbps，增扩的本地总线可高达 100Mbps。而且不同等级器件优先权中断的使用，更能高效利用数据总线。这都有助于提高整个系统的吞吐量。

（3）高可靠性。VXIbus 为仪器提供了良好的电源、电磁兼容等高可靠性环境，还有各种工作速率的精确同步时钟，可获得比以往更高性能的仪器。VXI 产品的平均无故障工作时间可达 30000 小时。

（4）使虚拟仪器概念成为现实。可借助 VXIbus 随意地组建不同的测试系统，甚至通过软件将 VXIbus 硬件系统分层次组成不同功能的测试系统，使 VXI 在用户面前随时可演变成一个不同的具有传统仪器形象的测试系统。

习　　题

3-1　数字逻辑电路的设计方法有哪些？

3-2　测试系统控制模块的采样策略包括哪些内容？

3-3　系统功能模块的划分原则是什么？

3-4　常用接口和总线有哪些？各有什么特点？

第 4 章 基于 VHDL 的控制模块设计流程

VHDL 语言以其强大的"行为描述"能力使设计者可以避开器件结构，从逻辑行为上描述和设计大规模的电子系统。因此，VHDL 成为系统设计领域中最佳的硬件描述语言。在对硬件电路进行描述的过程中需要遵循一定的流程。通过掌握 VHDL 语言的开发流程图，可以对设计人员进行编译和开发过程中起到普遍的指导意义。

4.1 VHDL 设计一般流程

VHDL 语言以其强大的"行为描述"能力使设计者可以避开器件结构，从逻辑行为上描述和设计大规模的电子系统。因此，VHDL 成为系统设计领域中最佳的硬件描述语言。在对硬件电路进行描述的过程中需要遵循一定的流程。通过掌握 VHDL 语言的开发流程图，可以对设计人员在进行编译和开发过程中起到普遍的指导意义。

4.1.1 VHDL 实际流程

VHDL 设计的一般流程如图 4.1 所示，这一流程基本可适用于任何基于硬件描述语言的设计。下面对这一流程中的关键步骤进行简要说明。

（1）系统层次划分 / 画出系统框图。按照"自顶向下"的设计方法从电路设计的总体要求出发，将设计划分为不同的功能模块，每个功能模块完成一定的逻辑功能。

（2）编码。写出 VHDL 代码。目前许多集成开发环境（如 MAX+PLUS II 等）都集成了针对 VHDL 的编辑器。这些编辑器一般都具有 VHDL 关键词的高亮显示等特点，有的还内嵌了常用的 VHDL 程序模板等。

（3）编译。编译器会对 VHDL 程序进行语法检查，还会产生用于仿真的一些内部信息。这一步骤通常由编译器自动完成。如果 VHDL 语法有错误，编译无法通过，则需要修改程序，即回到编码阶段。在实际操作中，VHDL 的设计过程，常常根据需要往后退一步甚至更多，进行重新编译。

（4）功能仿真。功能仿真是在未经布线和适配之前，使用 VHDL 源程序综合后的文件进行仿真。不必生成实际电路就可以观察输出。

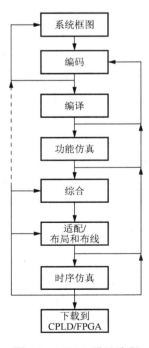

图 4.1 VHDL 设计流程

主要用于检验系统功能设计的正确性，不涉及具体器件的硬件特性。

（5）综合。利用综合器对 VHDL 代码进行综合优化处理，生成门级电路描述的网表文件，这是将 VHDL 语言描述转化为硬件电路的关键步骤。这一步通常由综合器自动完成，但设计者可以设定一些技术上的约束条件（如限定逻辑层次的最大数等）来"帮助"综合器。

（6）适配。利用适配模块将综合后的网表文件针对某一具体的目标器件进行逻辑映射操作，包括底层器件配置、逻辑分割、逻辑优化、布局布线等。此步骤将产生多项设计结果：

① 适配报告，包括芯片内部资源的利用情况、设计的布尔方程描述情况等。
② 适配后的仿真模型。
③ 器件编程文件。

（7）时序仿真。根据适配后的仿真模型，可以进行时序仿真。在取得目标器件的实际硬件特性基础上（如时延特性等），仿真结果能比较精确地预期芯片的实际性能。如果仿真结果达不到要求，就需要修改 VHDL 源代码或选择不同的目标器件，甚至重构整个系统。

（8）下载到 CPLD/FPGA。如果时序仿真通过，那么可以将"适配"时产生的器件编程文件下载到 CPLD 或 FPGA 中。事实上，实际的结果有可能与仿真结果有差异，则必须再回头重新找出问题所在。

4.1.2 仿真软件

世界上各大可编程逻辑器件的生产厂商都有各自的 EDA 开发系统，比如美国 ALTERA 公司的 MAX +PLUS II 和 Quartus II；Xilinx 公司的 ISE；Lattic 公司的 Synario 等。以上软件都支持 VHDL 语言程序，其主要特点如下。

1. MAX+PLUS II

MAX+PLUS II 是一个完全集成化的可编程逻辑环境，能满足用户各种各样的设计需要。它支持 ALTERA 公司不同结构的器件，可在多平台上运行。MAX+PLUS II 具有突出的灵活性和高效性，为设计者提供了多种可自由选择的设计方法和工具。MAX+PLUS II 可以与其他工业标准的设计输入、综合和校验工具相连接。它与 EDA 工具的接口遵循 EDIF200、EDIF300，参数模块库 LPM2.1.0，标准延迟格式 SDF1.0、SDF2.0、VITAL 95、VHDL 1987 及 VHDL1993 等多种标准。用 MAX+PLUS II 软件接口允许用户使用 ALTERA 或标准 EDA 设计工具来创建逻辑设计，使用 MAX+PLUS II 的编译器对 ALTERA 器件的设计进行编译，使用 ALTERA 或其他 EDA 校验工具进行器件级或板级仿真。当前 MAX+PLUS II 软件提供与多种第三方 EDA 工具的接口。

2. Quartus II

Quartus II 是针对 ALTERA 公司的可编程逻辑器件，提供了对 APEX20K 系列芯片的最好支持，对 APEX20K 系列器件实现完全与结构无关的设计，在综合算法上有较大改进，使综合效率、速度以及布线能力有了很大的提高。能够提供方便的实体设计，快捷的编译处理以及对设备的直接编程等功能。能够提供与其他 EDA 工具的接口，能读入和生成标准的 EDIF 网表文件、VHDL 网表文件以及 VerilogHDL 网表文件，并进行层次化工程设计。

3. ISE5.x

Xilinx 作为当今世界上最大的 FPGA/CPLD 生产商之一,开发的软件由早期的 Foundation 系列逐步发展到目前的 ISE5.x 系列,ISE 是集成综合环境的简称,是 Xilinx 提供的一套工具集,其集成的工具可以完成整个 FPGA/CPLD 的开发过程,支持几乎所有的 Xilinx 公司 FPGA/CPLD 全系列逻辑器件产品。采用了增量流程设计,整体设计可靠性高,能更好地支持结构化仿真。

本章将通过四位二进制加法器的设计实例,利用 MAX+PLUS II 开发软件对 VHDL 的设计流程包括设计输入、设计项目编译、仿真、时序分析以及下载编程等过程进行详细的介绍。

4.2 设计输入与功能仿真

利用 MAX+PLUS II 软件开发可编程逻辑器件,首先要建立设计输入文件。将 MAX+PLUS II 能够识别的、可以进行编译的、并且符合一定标准的文件,称为 MAX+PLUS II 的设计输入文件。设计输入方法有多种,包括图形设计输入方式、文本设计输入方式、波形设计输入方式、底层设计输入方式等。输入方法不同,生成的设计文件也不同。本章以文本设计输入方式进行四位二进制加法器的仿真设计。

4.2.1 指定设计项目名称

选择【File】菜单中【Project】中的【Name】子项给工程命名。如图 4.2 所示,在弹出的菜单中输入工程名称,单击【OK】按钮保存工程。

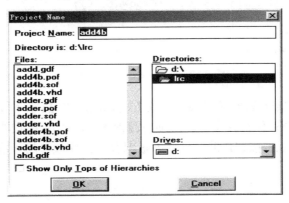

图 4.2 指定设计项目名称

4.2.2 创建新的设计文件

启动 MAX+PLUS II 开发环境,在【File】菜单中选择【New】,出现对话框,共有四种编辑模式可以选择,选择所要建立的文件类型,因为采用文本设计输入方式,所以选择第三个【Text Editor file】,然后单击【OK】按钮。对话框如图 4.3 所示,确认对话框后,开发环境生成一空的文本编辑窗口用于输入 VHDL 文本。

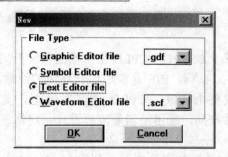

图 4.3 文本设计输入方式

4.2.3 VHDL 程序设计

在文本编辑窗口内输入四位二进制加法器的 VHDL 程序，并保存。程序如下：

```
library ieee;
use ieee.std_logic_1164.all;
use ieee.std_logic_signed.all;
entity add4b is
     port(
     a : in std_logic_vector(3 downto 0);
     b :in std_logic_vector(3 downto 0);
     cin : in std_logic;
     c   : out std_logic_vector(3 downto 0);
     cout: out std_logic
     );
end;
architecture one of add4b is
   signal crlt : std_logic_vector(4 downto 0);
begin
    crlt<=a+b+cin;
    c<=crlt(3 downto 0);
    cout<=crlt(4);
end;
```

输入完毕后，选择菜单【File】，【save】或【save as】，在【File Name】中输入文件名，并将扩展名改为.vhd（注意：保存的文件名必须与源程序中的实体名相同，也必须与前面设置的项目名相同），单击【OK】按钮，此文件名即被保存到当前项目的子目录下。

4.2.4 功能仿真

功能仿真是指在一个设计中,在设计实现前对所创建的逻辑进行的验证其功能是否正确的过程。布局布线以前的仿真都称为功能仿真，它包括综合前仿真和综合后仿真。综合前仿真主要针对基于原理框图的设计；综合后仿真既适合原理图设计，也可直接对 VHDL、原理图描述或其他描述形式的逻辑功能进行测试模拟，以了解其实现的功能是否满足原设计的要求，仿真过程不涉及任何具体器件的硬件特性。

在 MAX+PLUS II 的工具中仿真输入信号通过波形编辑器生成.scf 文件、.scf 文件和编译生成的文件链接就可以实现程序的仿真。四位二进制加法器设计的功能仿真过程如下。

1. 创建仿真波形文件

在菜单【File】选择【New】命令,出现如图 4.4 所示的对话框,选择【Waveform Editor file】,从下拉列表框中选择.scf 扩展名,并单击【OK】按钮,创建一新的无标题的波形编辑文件。

图 4.4　创建波形文件

2. 编辑波形文件

选择菜单【Node】中的【Enter Nodes From SNF】,或在波形文件编辑区的【Name】下面的空白区单击右键,则出现【Enter Nodes From SNF】对话框,如图 4.5 所示。选中【Type】框中的【input】、【output】和【group】选项,再单击【list】按钮,可得到所有 input 和 output。单击【Available Nodes & Groups】框中所需的项,再单击"=》",则把选中的节点或组送到右边的窗口,并单击【OK】按钮。如果要选择所有的输入/输出节点,可先选中【Available Nodes & Groups】框中所有的项,再单击"=》"按钮。

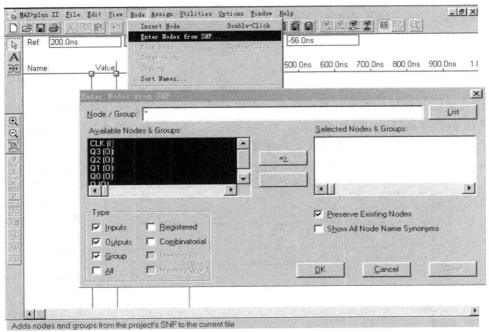

图 4.5　编辑波形文件

3. 设定波形参数

选择菜单【Option】中的【Grid Size】,在【Grid Size】框中输入 50.0ns,单击【OK】按

钮。选择菜单【File】中的【End Time】，在【Time】框中输入 1.5μs，作为仿真的结束的时间，单击【OK】按钮，如图 4.6 所示。

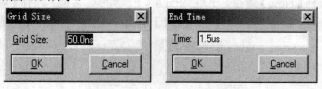

图 4.6 波形参数设定

4. 进行仿真

加入时钟信号，选择【File】中【Save as】将文件保存为.scf 格式。在 MAX+PLUS II 菜单中，选择【Simulator】，出现如图 4.7 所示的对话框。单击【Start】按钮，启动波形仿真器。若无错误，则显示零错误和零警告。

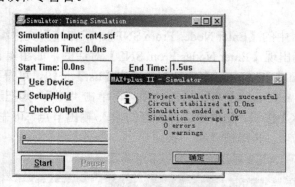

图 4.7 仿真器窗口

5. 查看仿真结果

单击【确定】按钮，回到仿真对话框。再单击【Open SCF】按钮即可以显示仿真结果，如图 4.8 所示的仿真波形。移动参考线，可观察各处的仿真结果。此时我们会发现，输出波形与输入波形并不完全对应，这是由于延时所造成的。

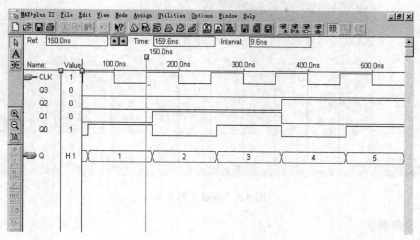

图 4.8 仿真波形

4.3 项目编译与时序仿真

根据项目要求需要设定编译参数和编译策略，如选定器件、锁定引脚、设计逻辑综合方式等。根据设定的编译参数和编译策略对设计项目进行网表提取、逻辑综合和器件适配，并产生报告文件、延时信息文件和器件编程文件，供分析、仿真及编程用。

4.3.1 编译过程

MAX+PLUS II 编译器可以检查项目中的错误并进行逻辑综合、延时分析等，将最终设计结果加载到器件中去，并为仿真和编程产生输出文件。编译的全过程包含：建立网表—建立元件库—逻辑综合—分区布线—加载—时域分析—适配共七个环节。任何一个环节的错误，都将导致编译的失败。若有错误，编译器将停止编译，并在信息框中给出错误信息。双击错误信息条，便可以对错误进行定位。

4.3.2 编译器组成及说明

编译器是对项目中的顶层文件进行编译的。选择 MAX+PLUS II 菜单的【Compiler】，即弹出如图 4.9 编译器窗口。此时的编译器窗口中有 Compiler Netlist Exractor、Database Builder、Logic Synthesizer、Partitioner、Fitter、Timing SNF Extractor、Assembler 共七个模块。

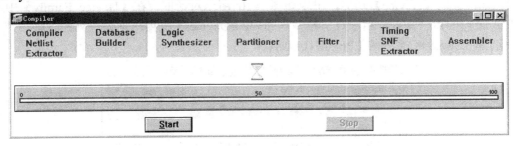

图 4.9 编译器窗口

（1）Compiler Netlist Extractor——编译器网表提取器。生成网表文件（描述各元件之间连接信息）。在提取网表的过程中，检查各个设计文件中是否存在重命名、输入或输出丢失，输出是否存在多次赋值等语法错误。这一部分还生成一个临时文件，作为 Fitter 的输入。

（2）Database Builder——数据库构建器。建立一个包括工程各个层次的设计文件数据库。在建立数据库的过程中，此数据库保存了有关工程的所有电气连接性。在接下来的几个模块中也要使用这个数据库，每个编译模块不停更新此数据库，直到它完全包含了最优的工程信息。最后得到包含了完全简化、布完线的信息，可提供给 Assembler 生成用于下载器件的文件。

（3）Logic Synthesizer——逻辑综合器。逻辑综合器对设计进行逻辑综合，即选择合适的逻辑化简算法，去除冗余逻辑，确保对某种特定的器件结构尽可能有效的使用器件的逻辑资源，还可去除设计中无用的逻辑。用户可通过修改逻辑综合的一些选项，来指导逻辑综合。

（4）Partitioner——分割器。将整个设计分割成相连的功能块。把逻辑综合所更新的数据库分成与各个器件相应的多个部分。原则一般是在逻辑单元的边界来划分,以使器件间的通信管脚最少。

(5) Fitter——分配实现器。将逻辑设计在特定器件内实现,利用分区更新过的数据库信息,布线模块把工程的逻辑需求与一个或多个器件中的可用资源相匹配。它把各个逻辑功能放到最合适的逻辑单元上,同时选择好合适的内部连接通道与管脚分配。将整个设计与 ALTERA 芯片相适配。

(6) Timing SNF Extractor——仿真文件生成器。生成一个时序仿真网表文件,这个文件包含用于时序仿真、时序分析、延时预测的逻辑与时序信息。

(7) Assemble——装配器。生成对器件编程的一个或多个编程文件。它把布线模块中的器件,逻辑单元以及指定管脚等信息转化成器件的一些文件格式保存。可以通过 MAX+PLUS II 的编程器把这些文件下载到器件中,最终完成具有一定功能的器件。

4.3.3 编译相关参数选取与设置

在进行编译项目之前,需要对与编译密切相关的系统编译参数进行设置。主要参数包括器件的类型、管脚的设置、速率与面积的比重、时间参数的要求及布线的设置等。下面对相关几个参数设置加以介绍。

1. 器件选择

这里的器件指每个设计所使用的 FPGA 或 CPLD 芯片。器件选择可以为项目指定一个器件系列,然后选择具体的器件,也可以让编译器在该器件系列内自动选择最合适的器件。选择菜单【Assign】的【Device】功能,出现如图 4.10 所示对话框,在【Device Family】中选择 ALTERA 公司的器件系列,当选定了器件系列后,【Devices】框内出现该系列的各种芯片。本例中,选择 FLEX10K 系列的 EPF10K10LC84-3。

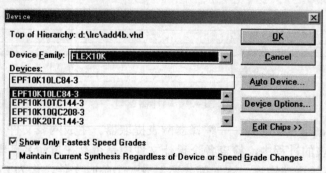

图 4.10 器件选择

2. 分配管脚

MAX++PLUS II 推荐让系统自动分配管脚,也可手动进行管脚分配。在本例中,选择菜单【Assign】中的【Pin/Location/Chip】,在【Node Name】栏中输入要锁定的管脚的名字,在【Chip Resource】窗口中选中 Pin,并输入要写入的管脚号码,最后单击右下角的【Add】按钮,则完成管脚的分配。如图 4.11 所示。如果输入的管脚号码不是器件的 I/O 管脚,返回时将出现错误信息。

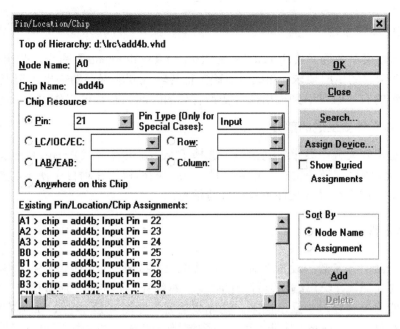

图 4.11 管脚分配设定窗口

3. 选择灵活编译命令

在【Processing】菜单中，选择【Smart Recompile】命令，再次编译时此命令可使系统忽略前一次编译中不变的部分而快速重新编译工程文件。

4. 设定项目全局逻辑综合规则

菜单栏中【Assign】菜单包含了系统编译的全局设定命令，可以为项目选择一种综合方式，以在编译时控制编译器的逻辑综合。如果要为项目选择一种综合方式，从菜单栏选择【Assign】【Global Project Logic Synthesis】命令，弹出窗口。单击【Define Synthesis Style】按钮，弹出【Define Synthesis Style】对话框，用户可以根据自己的需要为选定的综合类型选择各个选项。如果要使用系统默认的类型选项，就单击【Use Default】按钮。如果要查看高级选项，就单击【Advanced Options】按钮。

5. 全局器件属性设定

从【Assign】菜单中选择【Global Project Device Options】选项，弹出全局属性设定对话框。【security Bit】为加密位。【MultiVolt I/O】为 I/O 接口的多电压特性，表示芯片的 I/O 接口电压可以不同于内部工作电压。【Enable JTAG Support】为 JTAG 特性使能，允许对芯片电路进行 JTAG 边界测试，同时支持在系统编程和支持电路重新配置。

6. 全局参数设定

为一些未明确制定参数的功能模块设定默认的参数值。从【Assign】菜单中选择【Global Project Parameters】命令，可以弹出全局参数设定对话框，在文本框中填好相应内容后，单击【Add】按钮即可将其添加到结果框中，通过单击【Change】或【Delete】按钮可对其进行编辑。

7. 全局时间属性设定

从【Assign】菜单中选择【Global Project Timing Requirements】命令，弹出全局时间属性对话框，输入对项目的定时要求。在此可以确定信号输入到非寄存器输出的延迟时间、时钟建立时间、从时钟的有效触发沿到输出信号变为有效的时间、芯片可工作的最大时钟频率等。

8. 指定报告文件要生成的部分

如果想指定报告文件中要报告的信息，选择【Processing】中【Report File Settings】，弹出对话框。由编译器的适配模块生成的报告文件（.rpt）能够提供在项目中使用的器件资源情况。编译器可以让用户指定在报告文件中包含哪些信息。

4.3.4 编译文件

完成对编译器中各参数的设置之后，单击【Start】按钮，MAX+PLUS II 将按照先前的设置完成对电路的编译，并给出编译过程中的信息。在编译项目期间，所有信息、错误和警告将在自动打开的信息处理窗口中显示出来。编译成功后，如图 4.12 所示。如果有错误发生，选中该错误信息后单击【Locate】按钮，可以找到该错误在设计文件中所处的位置，用户解决错误后，再重新编译，直到全部编译完成。编译结束后，由编译器产生的输出文件的图标就会出现在各模块的下面。双击报告文件的图标，报告文件就会显示在文本编辑窗口中。从报告文件中可以获得器件资源的使用情况和器件管脚分配图以及编译时间等信息。

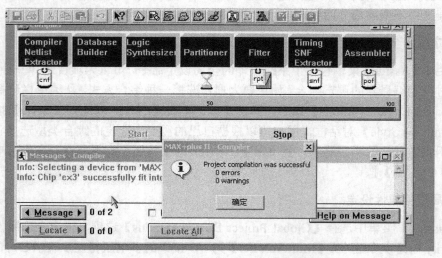

图 4.12 完成变量编译

4.3.5 时序仿真

为了能了解软件模拟仿真中各信号之间的具体延时量，可以用 MAX+PLUS II 提供的时序分析功能来做时序分析。MAX+PLUS II 的定时分析提供了三种分析模式：

（1）延迟分析：用于分析多个源节点和目标节点之间的传播延迟路径。

（2）建立/保持时间分析：计算从输入管脚到触发器、锁存器和异步 RAM 的信号输入所需最少的建立时间和保持时间。

（3）时序逻辑电路性能分析：用于对时序电路的性能进行分析，包括限制性能的延迟、最小的时钟周期和最高的电路工作频率。

在【Analysis】菜单中选择【Delay Matrix】命令，选择 MAX+PLUS II 菜单的【Timing Analyzer】功能，出现如图 4.13 所示的对话框，单击【Start】按钮，启动时序分析，分析完成后，各信号之间的延时时间以表格形式显示出来。

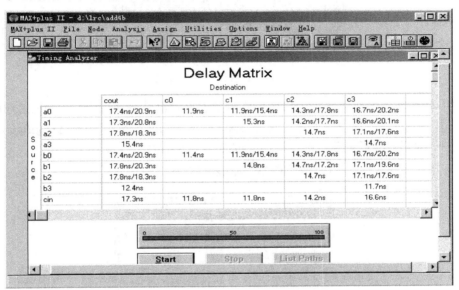

图 4.13　时序仿真窗口

时序仿真使用的仿真器和功能仿真使用的仿真器是相同的，所需的流程和激励也是相同的。唯一的差别是为时序仿真加载到仿真器的设计包括基于实际布局布线设计的最坏情况的布局布线延时，并且在仿真结果波形图中，时序仿真后的信号加载了时延，而功能仿真没有。仿真文件中已包含了器件硬件特性参数，因而仿真精度高。

4.4　器件下载编程和配置

当用软件仿真验证设计的电路工作正常，就可以将编译产生的位图文件编程下载到 FPGA 或 CPLD 的芯片上，与外围电路一起共同对设计进行硬件验证。通过项目编译后生成的文件.sof 用于下载。在编程下载之前，首先用下载电缆将计算机的打印口连接到有 FPGA/CPLD 芯片目标板，将下载电缆一端插入 LPT1(并行口)，另一端插入系统板，打开系统板电源。连接 Byte Blaster 电缆，安装 Byte Blaster 电缆驱动程序（对 WINXP 系统），采用 Byte Blaster 电缆通过 JTAG 进行编程。

选择【Programmer】功能，启动编程下载程序，如果是第一次运行编程功能，软件就会自动弹出对话框，如图 4.14 所示，让用户设置编程下载硬件连接方式，在对话框中的【Hardware Type】选择框内【Byte Blaster(MV)】编程下载方式，在软件安装好后只须设置编程下载方式一次，设置好以后如果下载的硬件没有变化，无须再次设置。

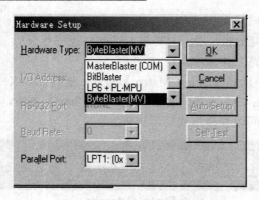

图 4.14 选择硬件连接方式

在如图 4.15 所示的编程下载窗口中，本例中选择的器件是 ALTERA 的 FLEX10K 系列，【Configure】按钮有效。所以只要选中【Program】或【Configure】，单击【Configure】按钮，软件将程序下载到目标板上芯片中，即可完成对器件的编程。

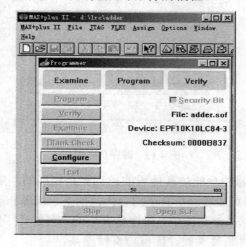

图 4.15 编程器窗口

习　题

4-1　VHDL 设计的一般流程是什么？
4-2　VHDL 设计的实际流程包含哪些内容？
4-3　怎样建立一个 VHDL 的设计环境？
4-4　MAX+PLUS II 的编译窗口的由哪几个模块组成的？各部分功能是什么？
4-5　简述功能仿真和时序仿真的不同。

第5章 VHDL 基础

5.1 硬件描述语言概述

硬件描述语言是一种用形式化方法描述硬件电路系统的语言。经过几十年的发展，VHDL和Verilog HDL在EDA设计中使用最多，在我国十分流行。VHDL于1982年诞生，它的英文全名是VHSIC（Very-High-Speed Integrated Circuit）Hardware Description Language。1987年年底VHDL被IEEE美国国防部确认为标准硬件描述语言。自IEEE公布了VHDL的标准版本IEEE-1076（简称87版）之后，VHDL成为硬件描述语言的业界标准之一，各EDA公司也相继推出了自己的VHDL设计环境或宣布自己的设计工具可以和VHDL接口。此后VHDL在电子设计领域得到了广泛的接受，并逐步取代了原有的非标准的硬件描述语言。

1993年IEEE对VHDL进行了修订，从更高的抽象层次和系统描述能力上扩展VHDL的内容，公布了新版本的VHDL，即IEEE标准的1076—1993版本（简称93版）。现在VHDL和Verilog作为IEEE的工业标准硬件描述语言在电子工程领域成为事实上的通用硬件描述语言。有专家认为在新的世纪中VHDL与Verilog语言将承担起大部分的数字系统设计任务。

VHDL主要用于描述数字系统的结构、行为、功能和接口。除了含有许多具有硬件特征的语句外，VHDL的语言形式和描述风格与句法十分类似于一般的计算机高级语言。VHDL的程序结构特点是将一项工程设计或称为设计实体（可以是一个元件，一个电路模块或一个系统）分成外部（可见部分及端口）和内部（不可见部分），即涉及实体的内部功能和算法完成部分。在对一个设计实体定义了外部界面后，一旦其内部开发完成，其他的设计就可以直接调用这个实体，这种将设计实体分成内外部分的概念是VHDL系统设计的基本点。

5.2 VHDL 的数据对象

在VHDL中，用来保存数据的一些客体单元称为数据对象（Data objects），对于每一个对象来说，都需要具有自己的类和类型。数据对象类似于一种容器，可接受不同数据类别的赋值。在VHDL中，数据对象主要有三种，即常量（constant）、变量（variable）和信号（signal）。前两种数据对象可以从传统的计算机高级语言中找到对应的数据类型，其语言行为与高级语言中的常量和变量十分相似。而信号的表现较为特殊，它是具有更多硬件特征的特殊数据对象，是VHDL中最有特色的语言要素之一。

5.2.1 常量

常量是指在 VHDL 程序中值一经定义就不再发生发生变化的量,它可以在程序的很多区域进行说明,并且可以具有任何数据类型的值。作为硬件描述语言的一种对象,常量在硬件电路设计中具有一定的物理意义,它通常用来代表硬件电路中的电源或者地线等。

常量的使用通常可以使设计人员编写出可读性很强的 VHDL 程序,同时可以使程序中全局参数的修改变得更加容易,这一点与其他高级编程语言中的常量非常类似。例如:设计人员在编写 VHDL 程序的过程中,对程序多处使用的同一个数值可以用常量替代。在程序需要修改该数值的时候,只需要修改该常量即可,避免了多处修改的麻烦。

常量在使用之前必须要进行说明,只有进行说明之后的常量才能够在 VHDL 程序中使用,否则编译后将会给出语法错误。常量说明的范围十分广泛,它既可以在程序包、实体说明和结构体的说明部分进行说明,也可以在语句的说明部分进行说明,不同部分说明的常量具有不同的作用范围。常量定义语句所允许的设计单元有实体、结构体、程序包、块、进程和子程序。在程序包中定义的常量可以暂不设具体数值,它可以在程序包中设定。

在 VHDL 中,常量说明的语句结构如下。

```
CONSTANT 常量名[,常量名…]:数据类型:=表达式;
```

其中,"CONSTANT"是用来表示常量的保留字,用来声明一个常量;"[]"中表示可选项,即多个相同数据类型的常量可以一起声明;数据类型是对象所具有的类型说明;表达式用来对常量进行赋值,赋值符号为":="。

下面给出几个常量说明的例子。

```
CONSTANT Vcc:real:=3.3;
CONSTANT number:integer:=6;
CONSTANT Pi:real:=3.14;
CONSTANT delay_time:time:=7ns;
```

常量一旦被赋值就不能再发生变化,这一点读者一定要注意。例如,上面的供电电源的电压 Vcc 被赋值为 3.3V,那么在 VHDL 程序中 Vcc 的值就被固定为 3.3V,它不能像后面所提到的变量和信号那样可以任意进行修改。在 VHDL 程序中,任意试图修改常量 Vcc 值的操作都将被视为非法操作。

在常量说明中,常量所赋的值应与常量说明的数据类型保持一致,否则将出现错误。

例如,CONSTANT Vcc:real:=3.3ns;

常量 Vcc 定义的数据类型是实数类型 real,而所赋的值却是一个时间 3.3ns,显然这是一个错误的常量说明。

在使用时,注意常量的可视性,即常量的使用范围取决于它被定义的位置,在程序包中定义的常量具有最大全局化特征,可以用在调用此程序包的所有设计实体中;定义在设计实体中的常量,可以在这个实体定义的所有结构体中使用;定义在设计实体的某一结构体中的常量,则只能用于结构体;定义在结构体的某一单元的常量,如一个进程中,则这个常量只能在该进程中使用。这就是常量的可视性规则。

5.2.2 变量

变量是指在设计实体中值会发生变化的量。变量主要用于对暂时数据进行局部存储，它是一个局部量，只能在进程语句、过程语句和函数语句的说明部分中使用。作为一种硬件描述语言的元素，变量在硬件电路设计中具有一定的物理意义，变量的主要作用是在进程中作为临时的数据存储单元，是一种载体。变量不能将信息带出对它作出定义的当前结构体。变量的赋值是理想化的数据传输，是立即发生、不存在任何延时的行为。

在 VHDL 中，变量说明的语句结构如下：

VARIABLE 变量名[, 变量名…]: 数据类型[: =初始值]

其中，"VARIABLE"是用来表示变量的保留字，用来声明一个变量；[: =初始值]用来对变量进行初始赋值，它是一个可选项，赋值符号为"：="。

例如：

```
VARIABLE  a:integer range 0TO 15;      --变量a定义为整数类型，取值范围 0~15
VARIABLE  b,c:integer:=2;              --变量b和c定义为整数类型，初始值为 2
VARIABLE  d: STD_LOGIC: ='1';          --变量d为标准逻辑位类型，初始值为 1
```

变量作为局部量，其适用范围仅限于定义了变量的进程、过程或子程序的顺序语句中，对程序其他部分是无效的。在这些语句结构中，同一变量的值将随着赋值语句的运算而改变。

对变量进行说明时，可以对它赋予初始值，也可以不赋予初始值。如果在变量说明中没有赋予初始值，则认为它取默认值，即指定数据类型的最左值或者最小值。变量定义语句中的初始值可以是一个与变量具有相同数据类型的常数值，也可以是一个全局静态表达式，这个表达式的数据类型必须与所赋值的变量一致。此初始值不是必需的，由于硬件电路上电后的随机性，因此综合器并不支持设置初始值。

在 VHDL 程序中变量值的改变是通过变量赋值语句来进行的。

变量赋值的语句结构如下：

目标变量名：=表达式；

变量赋值符号是"：="，变量数值的改变是通过变量赋值来实现的。变量赋值语句使用的符号与变量初始化的符号是完全一致的。即赋值语句右方的"表达式"必须是一个与"目标变量名"具有相同数据类型的数值，这个表达式可以是一个运算表达式，也可以是一个数值。通过赋值操作，新的变量值的获得是直接的、立即发生的。变量赋值语句左边的目标变量可以是单值变量，也可以是一个变量的集合，如位矢量类型的变量。例如：

```
VARIABLE  x,y: REAL;                        --定义变量x和y为实数类型
VAREABLE  a,b: STD_LOGIC_VECTOR(7 DOWNTO 0) --定义a和b为位矢量类型
x: =120.0;                                  --实数赋值，x是实数变量
y: =3+x;                                    --运算表达式赋值，y也是实数变量
a: ="10111011";                             --位矢量赋值
a(0 TO 5): =b(2 TO 7);                      --段赋值
```

5.2.3 信号

信号是描述硬件系统的基本数据对象,它类似于电路内部的连接线。信号是作为设计实体之间动态交换数据的一种手段。它可以在程序的很多区域进行说明,并可以具有任何数据类型的值。在 VHDL 中,信号及相关的信号赋值语句、决断函数、延时语句等很好地描述了硬件系统的许多基本特征,如硬件系统运行的并行性、信号传输过程中的惯性延时特性、多驱动源的总线行为等。

在 VHDL 程序中,信号能实现各模块之间的通信,因此,使用信号能够使设计人员容易编写出模块化的 VHDL 程序。信号作为一种数值容器,不但可以容纳当前值,也可以保持历史值。这一属性与触发器的记忆功能有很好的对应关系。

在 VHDL 中,信号说明的语句结构如下:

SIGNAL 信号名[,信号名...]: 数据类型[: =初始值]

例如,

```
SIGNAL s1: STD_LOGIC:='0';                        --定义一个标准的单值信号s1,初始值为低电平
SIGNAL s2,s3: BIT;                                --定义了两个位(BIT)的信号s2和s3
S1GNAL s4: STD_LOGIC _VECTOR(15 DOWNTO 0)         --定义了一个标准位矢量(数据、总线)信号
                                                    s4,共16个信号元素
```

信号初始值的设置不是必需的,而且初始值仅在 VHDL 的行为仿真中有效。如果需要对 VHDL 程序进行仿真操作,那么可以给信号赋予初始值;如果不需要对 VHDL 程序进行仿真操作,那么就不要给信号赋予初始值,这样上电时器件会自动将上电初始值赋给该信号。与变量相比,信号的硬件特征更为明显,它具有全局性特性。例如,在程序包中定义的信号,对于所有调用此程序包的设计实体都是可见的;在实体中定义的信号,在其对应的结构体中都是可见的。

事实上,除没有方向说明以外,信号与实体的端口概念是一致的。对于端口来说,其差别只是输出端口不能读入数据,输入端口不能被赋值。信号可以看成实体内部的端口。反之,实体的端口只是一种隐形的信号,端口的定义实际上作了隐式的信号定义,并附加了数据流动的方向。信号本身的定义是一种显式的定义,因此,在实体中定义的端口,在其结构体中都可以看成一个信号,并加以使用而不必另作定义。

信号的使用和定义范围是实体、结构体和程序包。程序包中说明的信号可以在其所包含的任何实体和结构体中使用;实体说明中说明的信号只能在本设计实体中使用;结构体中说明的信号只能在本结构体中使用。在进程和子程序的顺序语句中不允许定义信号。在进程中,只能将信号列入敏感表,而不能将变量列入敏感表。可见进程只对信号敏感,而对变量不敏感。

当信号定义了数据类型和表达方式后,在 VHDL 中就能对信号进行赋值了。与变量一样,信号的值也是能够改变的,它可以在 VHDL 程序中被连续地赋值。

信号的赋值语法结构如下:

目标信号名<=表达式;

信号赋值语句使用的符号与信号初始化的符号是完全不同的。前者采用符号"<="来进行信号赋值操作;后者则采用符号":="来进行信号的初始化操作。这时的"表达式"可以

是个运算表达式，也可以是数据对象（常量、变量或信号）。数据信息的传入可以设置延时量，因此目标信号获得传入的数据并不是即时的。即使是零延时（不作任何显式的延时设置），也要经历一个特定的延时。因此，符号"<="两边的数值并不总是一致的，这与实际器件传输延迟特性是吻合的，因此，信号赋值与变量赋值的过程有着很大的差别。

例如：

```
a<=x;
a<='0';
s1<=s2 AFTER 8ns
```

这里 a、s1、s2 均为信号。AFTER 后面是延迟时间．即 s2 经过 8ns 延迟后，其值才赋值到 s1 中，这一点是与变量完全不同的。

信号的赋值可以出现在一个进程中，也可以出现在结构体的并行语句结构中，但它们运行的含义是不一样的。前者属于顺序信号赋值，这时的信号赋值操作要视进程是否已被启动才能进行。后者属于并行信号赋值，其赋值操作是各自独立并行地发生的。

在进程中，可以允许同一信号有多个驱动源，即在同一进程中存在多个同名的信号被赋值，但只有最后的赋值语句被启动，并进行赋值操作，其结果才有效，例如：

```
SIGNAL a, b, c, x, y: integer;        --定义信号 a、b、c、x、y 为整数类型；
    ⋮
PROCESS(a, b, c)
 BEGIN
 y<=a*b;
 x<=c+a
 y<=b;
```

上例中，信号 a、b、c 被列入进程的敏感表，当进程被启动后，信号赋值将自上而下顺序执行，但第一项赋值操作并不会发生，这是因为 y 的最后一项驱动源是 b，因此 y 被赋值为 b。但在并行赋值语句中，不允许同一信号有多个驱动源的情况，因此不同进程中不允许出现同时存在对同一信号赋值的情况。

5.3 VHDL 的数据类型

VHDL 语言是一种强数据类型语言，它对运算关系与赋值关系中各操作数的数据类型有严格要求。VHDL 要求设计实体中的每一个常量、信号、变量、函数以及设定的各种参量都必须具有确定的数据类型，只有相同数据类型的量才能相互传递和作用，因此，VHDL 提供了多种标准的数据类型。与一般计算机语言中数据类型的概念相比，VHDL 中尤其强调在数据对象的应用中关于数据类型的限定，为了能够更好地应用 VHDL 进行硬件电路描述，必须很好地理解和掌握各种数据类型的定义。另外，为了用户设计方便，还可以由用户自定义数据类型。VHDL 作为强类型语言的好处是，使用 VHDL 编译或综合工具很容易找出设计中的各种常见错误。

5.3.1 标准的数据类型

在 VHDL 中，标准的数据类型是指不需要定义就可以直接在程序中引用的数据类型。标准的数据类型共有 10 种，见表 5-1。

表 5-1 标准的数据类型

数据类型	含义	例子
实数	浮点数，-1.0E+38～+1.0E+38	-1.0，+2.0，-1.0E+20
整数	32 位整数，-2147483647～+2147483647	+120，-456，+789
布尔量	逻辑"真"或"假"	TRUE 或者 FALSE
位	逻辑"0"或"1"	"0" 或 "1"
位矢量	位矢量	"001101010"
字符	ASCII 字符	a～z、A～Z
字符串	字符矢量	"integer ranger"
时间	时间单位 sec, min, hr, fs, ps, ns, μs, ms	5 min，2 sec，10 ns
错误等级	NOTE，ERROR，FAILURE，WARNING	NOTE，ERROR，FAILURE，WARNING
自然数、正整数	整数的子集（自然数：大于等于 0 的整数；正整数：大于 0 的整数）	1，2，3…

VHDL 预定义的数据类型均包含在 VHDL 标准程序包 STANDARD 中。下面对各数据类型作一简要说明。

1. 实数（REAL）

在 VHDL 中实数类型类似于数学上的实数，通常也称为浮点数类型。在进行算法研究或者实验时，作为对硬件方案的抽象手段，常常采用实数四则运算，因此，实数常常用来进行算法研究的描述。实数的定义值范围为-1.0E+38～+1.0E+38。实数有正负数，书写时一定要有小数点。

实数类型通常只在 VHDL 程序仿真过程中使用，现有的综合工具一般是不支持实数的，因为直接的实数类型的表达和实现将需要大量的资源来进行算术运算的操作，目前在电路规模上难以承受。

有些数可以用整数表示，也可以用实数表示。例如，数字 1 的整数表示为 1，而用实数表示为 1.0。两个数的值虽是一样的，但数据类型却不一样。

2. 整数（INTEGER）

整数类型的数包括正整数、负整数和零。VHDL 语言中的整数类型与数学中的整数类型的定义相类似。可以使用预定义的运算操作符进行算术运算。在 VHDL 中，整数的表示范围为-2147483647～+2147483647，即 $-(2^{31}-1)$～$(2^{31}-1)$。注意千万不要把一个实数(含小数点的数)赋予一个整数变量，因为 VHDL 是一个强类型语言，故它要求在赋值语句中的数据类型必须匹配。

整数在硬件电路设计中通常是用一系列二进制位值来表示的，但是整数不能看作位矢量，也不能按位来进行访问，即整数不能用来进行逻辑操作。当需要进行位操作时，可以用转换函数，将整数转换成位矢量，然后再进行逻辑操作。目前，有的 CAD 厂商所提供的工具中对此规定已有所突破，允许对有符号和无符号的整型量进行算术逻辑运算。

3. 位（BIT）

在数字系统中，一个信号的值通常用一个位来表示。位值的表示方法是：用字符'0'或者'1'（将值放在单引号中）来表示。位与整数中的 1 和 0 不同，'1'和'0'仅仅表示一个位的两种取值。由于其不能表示高阻、不定态，因此，在可综合的程序中很少应用。

位数据可以用来描述数字系统中总线的值，如"01010101"、X"E8F"。位数据不同于布尔数据，当然也可以用转换函数进行转换。

4. 位矢量（BIT_VECTOR）

位矢量是基于 BIT 数据类型的数组，是 93 版扩展的数据类型，它是用双引号括起来的扩展的数字序列。例如：

B"101_110_010"——9 位二进制位串；
X"A_FC_F0"——20 位十六进制位串；
O"2501"——12 位八进制位串；
X""——空位串。

在这里，位矢量最前面的 B、X、O 分别表示二、十六、八进制。用位矢量数据表示总线状态最形象也最方便，在以后的 VHDL 程序中将会经常遇到。

位和位矢量数据类型可以参与多种运算操作，如关系运算、算术运算、逻辑运算。若为逻辑运算其结果仍是逻辑位的数据类型。

5. 布尔量（BOOLEAN）

布尔量是一个二值枚举数据类型。一个布尔量具有两种状态——"TURRE"或者"FALSE"，数据的初始值总为 FALSE。常量、变量和信号均可以说明为布尔类型。编译时，逻辑综合器将用一个二进制位表示布尔量型变量或信号。虽然布尔量也是二值枚举量，但它和位不同，没有数值的含义，也不能进行算术运算，它能进行关系运算。布尔量只用于比较或判断，不能用作运算操作数。例如，它可以在 IF 语句中被测试，测试结果产生一个布尔量 TRUE 或者 FALSE。

在数字电路系统中，一个布尔量常用来表示信号的状态或者总线上的情况。如果某个信号或者变量被定义为布尔量，那么在仿真中将自动地对其赋值进行检查。

6. 字符（CHARACTER）

在 VHDL 中，字符也是一种数据类型，所定义的字符量通常用单引号括起来，如'B'。一般情况下 VHDL 对大小写不敏感，但是对字符量中的大、小写字符则认为是不一样的。例如，'D'不同于'd'。字符量中的字符可以是 a～z 中的任意一个字母、0～9 中任意一个数以及空白或者特殊字符，如$、@、%等。程序包 STANDARD 中给出了预定义的 128 个 ASCII 码字符类型，不能打印的用标识符给出。字符'1'与整数 1 和实数 1.0 都是不同的。

与布尔量一样，字符也没有具体的数值含义，也不能进行算术运算。

7. 字符串（STRING）

字符串是由双引号括起来的一个字符序列，也称为字符矢量或字符串数组。例如：

```
"HELLO"
```
字符串常用于程序的提示和说明。

8. 时间（TIME）

在 VHDL 中，时间是一个物理量数据，它的约束范围可以是整个整数范围。完整的时间量数据应包含整数和单位两部分，而且整数和单位之间至少应留一个空格的位置。在程序包 STANDARD 中给出了时间的预定义，共有七种，其单位为 fs、ps、ns、us、ms、sec、min、hr。时间类型一般常常用于仿真，而不用于逻辑综合。

在系统仿真时，时间数据特别有用，用它可以表示信号延时，从而使模型系统更逼近实际系统的运行环境。

9. 错误等级（SEVERITY LEVEL）

在 VHDL 中，错误等级也被认为是一种数据类型，它用来表征系统的状态。通常错误等级共有 4 类：NOTE（注意）、WARNING（警告）、ERROR（出错）、FAILURE（失败）。在系统仿真过程中，可以用这 4 种状态来提示系统当前的工作情况。这样可以使操作人员随时了解当前系统工作的情况，并根据系统的不同状态采取相应的措施。

错误等级各类型的具体定义。

NOTE：当前设计中出现了一些应该给予注意的事件信息；

WARNING：设计暂时不会完全失败时让设计人员做些修改；

ERROR：需要修改引起错误工作情况的模块或者整个都不工作的设计；

FAILURE：在设计中可能发生破坏性影响的情况下，允许设计人员修改设计。

10. 大于等于零的整数（NATURAL，自然数）、正整数（POSITIVE）

在 VHDL 中，自然数和正整数是整数的子集，Natural 类数据只能取值 0 和 0 以上的正整数，Positive 只能为大于 0 的正整数。

上述 10 种数据类型是 VHDL 语言中标准的数据类型，在编程时可以直接引用。如果用户需使用这 10 种以外的数据类型，则必须进行自定义，后面将具体介绍用户自定义数据类型。大多数 CAD 厂商已在程序包中对标准数据类型进行了扩展，例如数组型数据等，这一点请读者注意。

由于 VHDL 语言属于强类型语言，因此在仿真过程中，首先要检查赋值语句中的类型和区间，任何一个信号和变量的赋值均须落入给定的约束区间中，也就是说要落入有效数值的范围中。约束区间的说明通常跟在数据类型说明的后面。

5.3.2 标准逻辑位数据类型

在 IEEE 库的程序包 STD_LOGIC_1164 中，定义了两个非常重要的数据类型，即标准逻辑位（STD_LOGIC）数据类型和标准逻辑矢量（STD_LOGIC_VECTOR）数据类型。

1. 标准逻辑位数据类型

标准逻辑位数据类型（STD_LOGIC）是 BIT 数据类型的扩展，在 VHDL 中，标准逻辑位数据共有 9 种逻辑值，即"U"表示未初始化的，"X"表示强未知的，"0"表示强逻辑 0，"1"表示强逻辑 1，"Z"表示高阻态，"W"表示弱未知的，"L"表示弱逻辑 0，"H"表示弱逻辑 1，"—"表示忽略态，完整地概括了数字系统中所有可能的数据表现形式。它们在 IEEE 库程序包 STD_LOGIC_1164 中的 STD_LOGIC 数据类别的定义语句结构如下：

```
TYPE STD_LOGIC IS('U','X','0','1','Z','W','L','H','—');
```

注意：STD_LOGIC 数据类型中的数据是用大写字母定义的，使用中不能用小写字母代替。

由于标准逻辑位数据类型的多值性，使描述的程序与实际电路有更好的对应关系，这一点在编程时应当特别注意。因为在条件语句中，如果未考虑 STD_LOGIC 的所有可能的取值情况，综合器可能会插入不希望的锁存器。

在程序中使用此数据类型前，需要加入下面的语句：

```
LIBRARY IEEE;
USE IEEE STD_LOGIC_1164.ALL;
```

程序包 STD_LOGIC_1164 中还定义了 STD_LOGIC 型逻辑运算符 AND、NAND、OR、NOR、XOR 和 NOT 的重载函数及多个转换函数，以用于不同数据类型间的相互转换。

在仿真和综合中，将端口信号或其他数据对象定义为 STD_LOGIC 型数据是非常重要的且最为常用，它可以使设计者精确模拟一些未知和高阻态的线路情况。对于综合器，高阻态和忽略态可用于三态的描述。但就综合而言，STD_LOGIC 型数据能够在数字器件中实现的只有其中的 4 种逻辑值，即 X、0、1 和 Z。当然，这并不表明其余的 5 种逻辑值不存在，它们不可综合只能用于 VHDL 仿真。这 9 种逻辑值对于 VHDL 的行为仿真都有重要意义。

2. 标准逻辑矢量数据类型

标准逻辑矢量数据类型的定义语句结构如下：

```
TYPE STD_LOGIC_VECTOR ISARRAY(NATURAL RANGE<>)OF STD_LOGIC;
```

其中，符合"<>"是下标范围待定符号。显然，STD_LOGIC_VECTOR 是定义在 STD_LOGIC_1164 程序包中的标准一维数组，数组中的每一个元素的数据类型都是以上定义的标准逻辑位数据类型。

在使用中 STD_LOGIC_VECTOR 数据类型的数据对象赋值方式与普通的 BIT_VECTOR 数据类型是一样的，必须严格考虑位矢的宽度。标准逻辑矢量数据类型的数据对象赋值原则是：同位宽、同数据类型的矢量间才能进行赋值。

预定义标准逻辑矢量型数据描述总线信号是有方位的，它可以表达电路中并列的多通道端口或节点或总线。但需要注意的是，总线中的每一根信号线都必须定义为同一种数据类型（STD_LOGIC）。

5.3.3 用户自定义数据类型

前面介绍的数据类型是 VHDL 中标准定义的数据类型，它们不需要定义就可以在程序中直接应用。而在 VHDL 语言中，还提供了由用户自己来定义数据类型，为设计人员编写程序提供了极大方便。用户定义数据类型的语法结构如下：

```
TYPE 数据类型名{,数据类型名} IS 数据类型定义;
```

在 VHDL 语中还存在不完整的用户定义的数据类型的书写格式：

TYPE 数据类型名{，数据类型名}；

用户自定义的数据类型需要遵循的原则：数据类型先定义，后使用。

可由用户定义的数据类型有如下几种。

（1）枚举（Enumeration)类型。
（2）整数（Integer）类型。
（3）实数（Real)、浮点数（Floating）类型。
（4）数组（Array）类型。
（5）物理类型。
（6）记录（Recode）类型。
（7）文件（File）类型。
（8）存取（Access）类型。

下面对常用的几种用户定义的数据类型作一说明。

1. 枚举类型

枚举数据类型是一种特殊的数据类型，是用文字符号表示的用于特定操作所需要的值。

枚举类型数据的语法结构如下：

TYPE 数据类型名 Is （元素，元素，……）；

在设计硬件电路的过程中，所有的数据都是用"1"或"0"来表示的，但是人们在考虑逻辑关系时，采用数字来表示逻辑往往是抽象的。在 VHDL 语言中，可以用符号名来代替数字。例如，设计人员在表示一周每一天状态的逻辑电路中，可以假设"000"为星期一，"001"为星期二，以下依次类推，直到"110"代表星期日。这对阅读程序是不方便的。为此，可以定义一个叫"week"的可枚举数据类型。

TYPE week IS(MON, TUE, WED, THU, FRI, SAT, SUN);

根据上面的数据类型定义可知，凡是用于代表星期一的日子都可以用 MON 来代替，这比用代码"000"表示星期一直观方便多了，使用时也不易出错。

枚举类型也可以直接用数值来定义，但必须使用单引号。例如在程序包"STD_LOGIC"和"STD_LOGIC_1164"中都有此类数据的定义。例如

TYPE STD_LOGIC IS ('U', 'X', '0', '1', 'Z', 'W', 'L', 'H', '—')：
SIGNAL sig: STD_LOGIC;
Sig<= 'z';

在综合过程中，枚举数据类型作为一种用户定义的数据类型，它是有顺序的。在枚举顺序列表中，存在着这样的顺序关系：最左边的值低于所有其他的值，左右边的值大于所有其他的值，每一个值均大于其左边数据值而低于其右边数据值。例如：

TYPE A_state IS(state1, state2, state3, state4, state5);
   SIGNAL s1,s2: A_state
      state1= '000'';
      state2= '001';
      state3= '010';

```
state4='011';
state5='100'
```

2. 整数类型和实数类型

整数和实数的数据类型在 VHDL 语言的标准程序包中虽然已存在，但是在实际应用中，由于这两种数据类型的取值定义范围很大。因此，需要由用户根据实际情况对整数或实数的数据对象的具体数据类型进行重新定义，并限定其取值范围。实际上可以认为是整数或实数的一个子类。例如，在一个数码管上显示数字，其值只能取 0～9 的整数。如果由用户定义一个用于数码显示的数据类型，那么就可以写为

```
TYPE digit IS INTEGER RANGE 0 TO 9;
```

同理，实数类型也如此。例如：

```
TYPE current IS RANGE -1E4 TO 1E4;
```

据此可以总结出整数或实数用户定义数据类型的格式为

```
TYPE 数据类型名 IS 数据类型定义约束范围；
```

VHDL 仿真器通常将整数或实数类型作为有符号数处理，VHDL 逻辑综合器对整数或实数的编码方法：对用户已定义的数据类型或子类型中的负数，编码为二进制补码；对用户已定义的数据类型或子类型中的正数，编码为二进制原码。

3. 数组类型

数组类型属于复合类型，是将相同类型的数据集合在一起所形成的一个新的数据类型。它可以是含有一个下标的一维数组，也可以是含有多个下标的二维或多维数组。

数组定义的语法结构如下：

```
TYPE 数据类型名 IS ARRAY 数组范围 OF 原数据类型名；
```

根据语法结构中数组范围的不同，数组类型可以分为限定性数组类型和非限定性数组类型。限定性数组下标的取值范围（数组的上下界）在数组类型定义时就被确定了，非限定性数组不指明数组的上下界，而在定义对象的过程中进行指定。

（1）限定性数组的语法结构如下：

```
TYPE 数据类型名 IS ARRAY （数组范围） OF 原数据类型名；
```

数据类型名是新定义的限定性数组类型的名称，可以是任何标识符，数组范围明确指出了数组元素的定义数量和排序方式，以整数来表示数组的下标，数据类型指明了数组各元素的数据类型。例如：

```
TYPE word IS ARRAY (1 TO 8) OF BIT;
```

（2）非限定性数组的语法结构如下：

```
TYPE 数据类型名 IS ARRAY（数组下标名 RANGE < >） OF 原数据类型名；
```

数据类型名是定义的非限定性数组类型的名称，数组下标名是以整数类型设定的一个数组下标名称，符号'< >'是下标范围待定符号，用到该数组类型时，再填入具体的数组范围。

数据类型指明了数组各元素的数据类型。例如：

```
TYPE doubleword IS ARRAY (NATURAL RANGE < >) OF BIT;
```

上例中仅用 RANGE <>的方式指定定义中的数组类型有一个非限定范围，元素的数目并没有指定

数组定义的语法结构中，如果数组范围这一项没有被指定，则使用整数数据类型。例如：

```
TYPE word IS ARRAY (1 TO 8) OF STD_LOGIC;
```

若范围这一项需用整数类型以外的其他数据类型，则在指定数据范围前应加数据类型名。例如：

```
TYPE word IS ARRAY (INTEGER 1 TO 8) OF STD_LOGIC;
TYPE INSTRUCTION IS ARRAY (ADD, SUB, INC, SRL, SRF, LDA, LDB, XFR);
SUBTYPE DIGIT ISINTEGER 0 TO 9;
TYPE data IS ARRAY (INSTRUCTION ADD TO SRF) OF DIGIT;
```

原则上设计人员可以定义一个任意维数组类型，但通常所用的数组类型一般是二维的，二维数组应用比较广泛，在总线定义及 ROM、RAM 等的系统模型中使用。多维数组需要用两个以上的范围来描述，而且多维数组不能生成逻辑电路，只能用于生成仿真图形及硬件的抽象模型。例如：

```
TYPE matrix IS ARRAY (0 TO 5, 7 DOWNTO 0) OF STD_LOGIC;
CONSTANT RAM_ matrix: matrix: = (
        ( '0', '0', '1', '0', '0', '0', '0', '0' ),
        ( '1', '0', '1', '1', '0', '0', '1', '0' ),
        ( '0', '0', '1', '0', '0', '0', '1', '0' ),
        ( '0', '0', '1', '1', '0', '1', '1', '0' ),
        ( '1', '0', '0', '0', '1', '1', '1', '0' ),
        ( '0', '1', '0', '0', '1', '0', '1', '0' ),
        ( '0', '0', '1', '0', '0', '1', '0', '0' ),
        ( '1', '1', '1', '1', '1', '0', '0', '1' ),
);
SIGNAL data_bit: STD_LOGIC;
……
data_bit <= RAM_ matrix(3,7)
```

上面例子中，数据类型 matrix 被定义为 8×8 的二维数组，常量 RAM_ matrix 的数据类型被定义为数组类型 matrix，并赋予了初始值。上述例子是二维的，在三维情况下要用 3 个范围来描述。

在代入初值时，各范围最左边所说明的值为数组的初始位脚标。在上例中(0，7)是起始位，接下去右侧范围向右移一位变为(0，6)，以后顺序为(0，5)，(0，4)，…，(0，0)。然后，左侧范围向右移一位变为(1，7)，此后按此规律移动得到最后一位(5，0)。

"STD_LOGIC_VECTOR"也属于数组数据类型，它在程序包"STD_LOGIC_1164"中被定义：

```
TYPE STD_LOGIC_VECTOR IS ARRAY
 (NATURAL RANGE<>) OF STD_LOGIC;
```

这里范围由"RANGE<>"指定，这是一个没有范围限制的数组。在这种情况下，范围由

信号说明语句等确定。例如

```
SIGNAL aaa: STD_LOGIC_VECTOR(3 DOWNTO 0);
```

4．物理类型

物理类型通常作为一个测试单元，用来表示时间、电流、电压等物理量，在实际应用中通常用于 VHDL 程序的仿真。物理类型可以提供一个取值范围、一个基本单位、在单位条目中定义若干个次级单位，次级单位是基本单位的整数倍。

物理类型的语法结构如下：

```
TYPE  数据类型名 IS 数据范围;
UNITS 基本单位:
      单位条目;
END UNITS;
```

例如，表示时间的数据类型在仿真时是必不可少的。

```
TYPE  TIME IS RANGE-1E18 TO 1E18;
UNlTS
    fs;
    ps=1000fs;
    ns = 1000ps;
    us=1000ns;
    ms=1000us;
    sec=1000ms;
    min=60sec;
    hr=60min;
END UNITS;
```

这里的基本单位是"fs"，其 1000 倍是"ps"，依次类推。时间是物理类型的数据。当然，对容量、阻抗值等也可以进行定义。

用户在定义物理类型的时候，需要注意以下三个方面：

（1）物理类型说明的数据范围规定了能按照基本单位表示的物理类型的最大值和最小值。

（2）在定义过程中，所有单位标识符必须是唯一的，不能重复。

（3）定义的物理类型一般用来作为测试单元使用，主要用于仿真，对于逻辑综合来说没有什么意义。

5．记录类型

在 VHDL 中，记录类型是由不同类型的多个元素组成的一种数据类型，它与数组类型都属于数组。数组是由同一类型数据集合起来形成的，而记录则是将不同类型的数据和数据名组织在一起而形成的新客体。可见，记录类型弥补了数组类型不能将不同类型的元素组织在一起的缺点，能更好地满足实际设计的需要。

记录类型的语法结构如下：

```
TYPE 记录类型名 IS RECORD
元素名: 数据类型名;
元素名: 数据类型名;
  ……
END RECORD;
```

记录类型的定义由保留字"TYPE"开始,首先定义记录类型名,然后对各个记录元素进行说明,最后以保留字"END RECORD"结束。例如:

```
TYPE clender_ time IS RECORD
    Year: INTEGER RANGE 0 TO 3000;
    Month: INTEGER RANGE 1 TO 12;
    Day: INTEGER RANGE 1 TO 31;
    Hour: INTEGER RANGE 0 TO 23;
    Minute: INTEGER RANGE 0 TO 59
    Second: INTEGER RANGE 0 TO 59;
    Enable: BIT;
    Data: STD_LOGIC_VECTOR(15 DOWNTO 0);
END RECORD;
```

对具有记录类型的对象进行赋值的操作时,可以对记录类型的对象进行整体赋值,也可以对它的记录元素进行分别赋值。注意:从记录数据类型中提取元素数据类型时,应使用"**.**"。例如:

```
Number<=(2000,10,30,20,15,45,'1',data_in)      --整体赋值
Number.Year<=2000;
Number.Month <=10;
Number.Day <=30;
Number.Hour:<=20;
Number.Minute <=15;
Number.Second <=45;
Number.Enable <= '1';
Number.Data <= data_in;                        --分别赋值
```

用记录类型来描述 SCSI 总线及通信协议是比较方便的,在生成逻辑电路时应将记录数据类型分解开来。因此,记录类型比较适用于系统仿真。

6. 子类型

用户定义的子类型是用户对已定义的数据类型作一些范围限制而形成的一种新的数据类型,是上述基本类型的子集。子类型的名称通常采用用户较易理解的名字。子类型定义的语法结构如下:

```
SUBTYPE 子类型名 IS 数据类型名[范围限制];
```

几个子类型定义的例子如下:

```
SUBTYPE natural IS INTEGER RANGE 0 TO +2147483647;
SUBTYPE digit IS INTEGER RANGE 0 TO 9;
```

子类型可以对原数据类型指定范围形成,也可以完全和原数据类型范围一致。例如

```
SUBTYPE abus IS  STD_LOGIC_VECTOR(7 DOWNTO 0);
SIGNAL aio: STD_LOGIC_VECTOR(7 DOWNTO 0);
SIGNAL bio: STD_LOGIC_VECTOR(15 DOWNTO 0);
SIGNAL cio: abvs;
aio<=cio;    正确操作
bto<=cio;    错误操作
```

此外，子类型还常用于存储器阵列等的数组描述场合。新构造的数据类型及子类型通常在程序包中定义，再由 USE 语句装载到描述语句中。

5.4　VHDL 的运算符

在 VHDL 语言中共有四类运算符，可以分别进行逻辑运算（Logical）、关系运算（Relational）、算术运算（Arithmetic）和并置运算（Concatenation）。在 VHDL 程序中，所有的表达式都是由运算符将基本元素连接起来组成的。需要注意的是，在使用运算符的过程中，要保证被操作符所操作的对象是操作数，且操作数的类型应该和操作符所要求的类型相一致，否则将会出现错误。

5.4.1　逻辑运算符

在 VHDL 语言中，逻辑运算符共有 13 种，其具体的使用规则见表 5-2。

表 5-2　VHDL 中的逻辑运算符

逻辑运算符	运算符的逻辑功能	逻辑运算符	运算符的逻辑功能
NOT	逻辑非	SLL	逻辑左移
AND	逻辑与	SRL	逻辑右移
OR	逻辑或	SLA	算术左移
NAND	与非	SRA	算术右移
NOR	或非	ROL	逻辑循环左移
XOR	异或	ROR	逻辑循环右移
XNOR	异或非	—	—

这 13 种逻辑运算符可以对"STD_LOGIC""BOOLEAN"和"BIT"等的逻辑型数据、"STD_LOGIC_VECTOR"逻辑型数组进行逻辑运算。但需要注意的是：运算符的左边和右边，以及代入信号的数据类型必须是相同的；对于数组的逻辑运算来说，要求数组的维数必须相同，其结果也是相同维数的数组。

在以上的逻辑运算中，NOT 的优先级最高，其他的优先级相同。当一个语句中存在两个以上逻辑表达式时，在高级语言中运算有自左至右的优先级顺序的规定，而在 VHDL 语言中，左右没有优先级差别。例如，在下例中，如果去掉式中的括号，那么从语法上来说是错误的：

```
X<=(a AND b) OR(NOT c AND d);
```

当然也有例外，如果一个逻辑表达式中只有"AND"、"OR"、"XOR"中的一种运算符，那么改变运算顺序将不一定会导致逻辑的改变，因为这三种逻辑运算的运算顺序改变时，不会改变其结果。此时，括号是可以省略的。例如：

```
z<=b AND c AND d AND e;
z<=b OR c OR d OR e;
z<=b XOR c XOR d XOR e;
```

```
z <= ((b NAND c) NAND d) NAND e;        (必须要括号)
z <= (b AND c) OR (d AND e);            (必须要括号)
```

5.4.2 关系运算符

在VHDL语言中,关系运算符共有6种,其具体的使用规则见表5-3。

表5-3 VHDL中的关系运算符

关系运算符	运算符的关系功能	关系运算符	运算符的关系功能
=	等于	/=	不等于
<	小于	<=	小于等于
>	大于	>=	大于等于

在关系运算符的左右两边是运算操作数,不同的关系运算符对两边的操作数的数据类型有不同的要求,要求操作符左右两边对象的数据类型必须相同,但是位长度不一定相同,运算结果为布尔量数据类型。其中,等号"="和不等号"/="可以适用于所有已定义过的数据类型;其他四种关系运算符则可使用于整数(INTEGER)、实数(REAL)、位(BIT)和STD_LOGIC等类型以及位矢量(STD_LOGIC_VECTOR)等数组类型的关系运算。在利用关系运算符对位矢量数据进行关系运算时,比较过程是从最左边的位开始,从左至右按位进行比较的。在位长度不同的情况下,只能将从左至右的比较结果作为关系运算的结果。例如,对3位和4位的位矢量进行比较:

```
SIGNAL a: STD_LOGIC_VECTOR(3 DOWNTO 0);
SIGNAL b: STD_LOGIC_VECTOR(2 DOWNTO 0);
 a<="1010";
 b<="111"
IF (a>b) THEN
C<='1';
ELSE
C<='0';
END IF;
```

上例中,a的值为10,b的值为7,a应该比b大。但是,由于位矢量是从左至右按位比较的,当比较到次高位时,a的次高位为"0",而b的次高价为"1",因此比较结果a比b小。这样的比较结果与实际的位矢量数值的大小显然是不符的。

为了能使关系运算符能适用于更多的数据类型,如进行位矢量关系运算,在程序包"STD_LOGIC_UNSIGNED"中对"STD_LOGIC_VECTOR"关系运算重新作了定义,使其可以正确地进行关系运算。而在使用新定义的关系运算时必须首先说明调用该程序包。当然,此时位矢量还可以和整数进行关系运算。

在关系运算符中,小于等于符"<="和信号赋值符"<="是相同的,在读VHDL语言的语句时,应按照上下文关系来判断此符号到底是关系运算符还是信号赋值符。

5.4.3 算术运算符

在VHDL语言中,算术运算符共有10种,其具体的使用规则见表5-4。

表 5-4 VHDL 中的算术运算符

算术运算符	运算符的算术功能	算术运算符	运算符的算术功能
+	加	—	减
*	乘	/	除
MOD	取模	REM	取余
+	正(一元运算)	—	负(一元运算)
**	指数	ABS	取绝对值

在算术运算中，加法、减法、一元运算（正、负）的四种运算符的操作与日常数值运算相同，可以为整数、实数、物理类型的任何数值类型。乘、除法运算符的操作数可以为整数和实数。物理类型可以被整数或实数相乘或相除，其结果仍为一个物理类型。物理类型除以同一类型的物理类型结果可得到一个整数量。取模和取余运算符的操作数必须是同一整数类型的数据。一个指数的运算符的左操作数可以是任意整数或实数，而右操作数必须是整数。只有在左操作数是实数时，右操作数才可以是负整数。

实际上，能够真正综合逻辑电路的算术运算符只有"+"、"-"、"*"。在数据位较长的情况下，在使用算术运算符进行运算，特别是使用乘法运算符"*"时，应特别慎重。因为对于 16 位的乘法运算，综合时逻辑门电路会超过 2000 个门。对于算术运算符"/"、"MOD"、"REM"，分母的操作数为 2 乘方的常数时，逻辑电路综合是可能的。

对于上述算术运算符的操作数类型是在 VHDL 标准中预定义的，并没有对"STD_LOGIC_VECTOR"和"STD_ULOGIC_VECTOR"进行定义，如果设计人员要对这两种数据类型进行算术运算，必须对运算符进行重新定义。当对"STD_LOGIC_VECTOR"进行"+"（加）、"-"（减）运算时，若两边的操作数和代入的变量位长不同，则会产生语法错误。另外，"*"运算符两边的位长相加后的值和要代入的变量的位长不相同时，同样也会出现语法错误。

5.4.4 并置运算符

在 VHDL 语言中提供了一种并置运算符"&"，用来进行位和位矢量的连接运算。通常采用并置操作符进行连接的方式有以下几种：

（1）将两个位连接起来，形成一个位矢量，例如，将 4 个位用并置运算符"&"连接起来就可以构成一个具有 4 位长度的位矢量。

（2）将两个位矢量连接起来，形成一个新的位矢量，例如，两个 4 位的位矢量用并置运算符"&"连接起来就可以构成 8 位长度的位矢量。

（3）将位矢量和位连接起来，形成一个新的矢量，如 1 个位和一个 4 位的矢量用并置运算符"&"连接起来就可以构成 5 位长度的位矢量。

举例如下：

```
SIGNAL a,b: STD_LOGIC_VECTOR(3 DOWNTO 0);
SIGNAL c,d: STD_LOGIC;
SIGNAL n: STD_LOGIC_VECTOR(1 DOWNTO 0);
SIGNAL m: STD_LOGIC_VECTOR(7 DOWNTO 0);
  n<=c&d;              （两个位连接）
  m<=a&b;              （两个位矢量连接）
```

采用并置操作符的过程中,位的连接也可以有不同的表示方式。例如把逻辑关系用并置运算符表示:

```
tmp_b<=b AND(en&en&en&en);
y<=a&tmp_b;
```

第一个语句表示 b 的 4 位位矢量由 en 进行选择得到一个 4 位的位矢量输出。第二个语句表示 4 位的位矢量 a 和 4 位的位矢量 b 再次连接(并置)构成 8 位的位矢量 y 输出。

位的连接也可采用聚合或称为集合体的连接方法,主要将上例中的并置运算符换成逗号即可。例如

```
tmp_b<=(en, en, en, en);
```

但是,这种方法不适用于位矢量之间的连接,所以如下的描述方法是错误的:

```
a<=(a, tmp_b);
```

在 VHDL 的逻辑运算符、关系运算符、算术运算符和并置运算符的优先顺序是不同的。在用 VHDL 进行硬件电路描述的时候,设计人员经常会遇到多个运算符同时使用的情况;因此,必须掌握运算符的优先级顺序,才能编写出简单明了的 VHDL 程序。表 5-5 给出了 VHDL 中运算符的优先级顺序。表中从上到下的优先级由高到低,同一行中的运算符优先级相同。

表 5-5 运算符的优先顺序

优先级顺序	运算符
高	** NOT ABS
	* / MOD REM
	+(正) -(负)
	+(加) -(减) &
	SLL SRL SLA SRA ROL ROR
	= /= < <= > >=
低	AND OR NAND NOR XOR XNOR

5.5 VHDL 的程序结构

一个完整的 VHDL 语言程序通常也被称为设计实体,它是 VHDL 语言设计中的基本单元。在硬件电路设计中,设计实体既可以描述像微处理器那样的复杂电路,也可以描述像门电路那样简单的电路,体现了 VHDL 的灵活性。设计实体要能为 VHDL 综合器接受,并以元件形式存在的独立设计单元。因此,VHDL 程序设计必须完全适应 VHDL 综合器的要求,使软件 VHDL 程序牢固植根于可行的硬件实现中。这里所谓的"元件",既可以被高层次的系统调用,成为系统的一部分,也可以作为一个电路的功能块独立存在和运行。

VHDL 程序的基本结构由库说明(LIBRARY)、程序包使用说明(PACKAGE)、实体说明(ENTITY)、结构体(ARCHITECTURE)和配置(CONFIGURATION)5 个部分构成。其中,

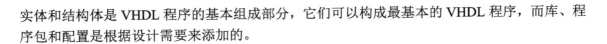

实体和结构体是 VHDL 程序的基本组成部分，它们可以构成最基本的 VHDL 程序，而库、程序包和配置是根据设计需要来添加的。

5.5.1 库及程序包

1. 库

在 VHDL 语言中，库是用来放置预先编译的实体说明、结构体、程序包和配置、可被其他 VHDL 设计单元共享资源的地方。库的功能类似于 UNIX 操作系统中的目录，VHDL 程序在使用库中的单元时，需要在程序开头部分说明要引用的库，并用 USE 子句说明要使用库中的哪一类设计单元。

在 VHDL 语言中，库说明语句的语法结构如下：

LIBRARY <库名>;

库说明语句以保留字"LIBRARY"开始，后面为设计中使用的库的名字。在对库进行说明以后，还需要说明要使用库中的哪一个设计单元，这时需要用 USE 子句说明。

在 VHDL 语言中，USE 子句的语法结构如下：

USE <库名>.<程序包名>.ALL

其中，库名为库说明语句中已说明的库；程序包名为实际设计要使用的库中的设计单元；ALL 表示使用程序包中的所有项目。

VHDL 有多个不同用途的、相互独立的库。VHDL 中常用的库有 STD 库、WORK 库、IEEE 库、VITAL 库和用户定义库等。VHDL 的库分为两类：一类是设计库，另一类是资源库。设计库对当前设计是可见的、默认的，无须用 LIBRARY 子句和 USE 子句说明。STD 库和 WORK 库是设计库，除了 STD 库和 WORK 库之外的其他库均为资源库。在使用资源库中的元件和函数之前，需要使用 LIBRARY 子句和 USE 子句予以说明，没有说明的库中的元件不能使用。常用的库有以下几种：

（1）STD 库。在 VHDL 的设计库中，STD 库是 VHDL 的标准库，其中包含称为 standard 和 textio 的两个程序包。程序包 standard（标准程序包）中定义了位、位矢量、字符和时间等常用的数据类型，均可不加说明直接引用。程序包 textio 包含了对文本文件进行读写操作的过程和函数。

（2）IEEE 库。IEEE 库是常用的资源库，在使用时要首先进行说明。IEEE 库包含符合 IEEE 标准的 STD_LOGIC_1164、NUMERIC_BIT 和 NUMERIC_STD 程序包和其他支持工业标准的一些程序包，如 STD_LOGIC_ARITH（算术运算库）、STD_LOGIC_UNSIGNED 和 STD_LOGIC_SIGNED 等。其中 STD_LOGIC_1164 是设计人员最常使用和最重要的程序包，它定义了一些常用的数据类型和函数。

（3）WORK 库。WORK 库是另外一种十分重要的设计库，也为 VHDL 中现行作业库。设计者所描述的 VHDL 语句不需要任何说明，都将存放在 WORK 库中。WORK 库可以用来临时保存以前编译过的元件和模块。WORK 库对所有的设计都是隐含的，因此在使用该库时无需进行任何说明。

（4）用户定义库。用户定义库简称用户库，是由用户自己创建并定义的库。设计者可以建立自己的一个资源库，把自己开发的程序包、设计实体或通过交流获得的程序包或设计实体等汇集在一起定义成一个库,作为对 VHDL 标准库的补充。用户定义库在使用时同样要首先进行说明。

2. 程序包

在编写 VHDL 程序的过程中,实体说明和结构体中的信号定义、常量定义、数据类型、子程序说明、属性说明以及元件说明等部分只能够在本设计实体中使用,而对其他设计实体是不可见的。因此,为了使一组信号定义、数据类型说明或子程序说明等对多个设计实体以及对应的结构体都成为可见的,能被更多的 VHDL 设计实体方便地访问和共享;于是,VHDL 提出了程序包的概念。

程序包(有些书中称为"包集合")是一种使包体中的类型、常量、元件和函数对其他模块(文件)是可见、可以调用的设计单元。程序包是一个公用的存储区,主要用来存放各个设计实体都能共享的数据类型、子程序说明、属性说明和元件说明等,在程序包内说明的数据可以被其他设计实体使用。程序包其实就是一个库单元,由用户编写的若干个程序包汇合在一起可以组成一个设计库。

一个完整的程序包一般是由程序包包首和程序包包体两个部分组成的。其中,程序包包首主要对数据类型、子程序、常量、元件、属性和属性指定等进行说明;程序包包体部分由程序包包首指定的函数和过程的程序体组成,即用来规定程序包的实际功能,同时还允许建立内部的子程序和内部变量、数据类型说明。包体是一个可选项。

程序包说明的语法结构如下:

```
PACKAGE 程序包名 IS
    程序包说明项目
END PACKAGE [程序包名];
```

其中,"程序包说明项目"中可包含类型、子类型、常量、信号、元件和子程序说明语句。用方括号括起来的部分是可选的。

5.5.2 实体

在 VHDL 中,实体用来描述设计系统的外部接口特征。它规定了设计单元的输入/输出接口信号或引脚,是设计实体经封装后对外界的一个通信界面。它相当于电路中的一个器件或电路原理图上的一个元件符号,即可看成所谓的逻辑"黑盒子",并不对电路的逻辑做任何描述。很明显,VHDL 遵循 EDA 解决方案中自顶向下的设计原则,并能够保持良好的接口兼容性,可以单独编译,并且可以并入设计库。

实体由实体说明部分、类属参数说明和端口说明组成。实体说明部分指定了设计单元的输入、输出端口或引脚,它是设计实体对外的一个通信界面,是外界可以看到的部分。类属参数说明和端口说明用来描述设计实体的逻辑结构和逻辑功能,它由 VHDL 语句构成,是外界看不到的部分。

实体的语法结构如下:

```
ENTITY 实体名 IS
    [类属参数说明];
    [端口说明];
```

```
            [实体说明部分];
END [ENTITY] 实体名;
```

5.5.3 结构体

结构体(ARCHITECTURE)用来描述设计的行为和结构,即设计实体硬件结构、硬件类型和功能、元件的连接关系、信号的传输和变换等,电路上相当于器件的内部电路结构。

结构体将具体实现一个实体。每个实体可以有多个结构体,每个结构体对应着实体不同的结构和算法实现方案;其间各个结构体的地位是同等的,它们完整地实现了实体的行为,但同一结构体不能为不同的实体所拥有;而且结构体不能单独存在,它必须有一个界面说明,即一个实体。对于具有多个结构体的实体,必须用 CONFIGURATION 配置语句进行说明。在电路中,如果实体代表一个器件,当结构体描述了这个器件安装到电路上时,需用配置语句为这个例化的器件指定一个结构体(即指定一种实现方案),或由编译器自动选一个结构体。

结构体的语句格式如下:

```
ARCHITECTURE 结构体名 OF 实体名 IS
[说明语句]
BEGIN
[并行处理语句]
END[ARCHITECTURE] 结构体名;
```

其中,实体名必须是所设计实体的名字,而结构体名可以由设计者自己选择,但在实际的应用中,它的命名一般要遵循一定的惯例,在多数参考文献中由于结构体具有行为描述、寄存器传输描述和结构描述等多种定义,因此一般建议用 behave、rtl、structure 来命名。当一个实体具有多个结构体时,结构体的取名不可重复。

结构体中的说明语句是对结构体的功能描述语句中将要用到的信号(SIGNAL)、数类型(TYPE)、常数(CONSTANT)、元件(COMPONENT)、函数(FUNCTION)和过程(PROCEDURE)等加以说明的语句。结构体说明部分只能在结构体内部使用,而实体说明部分可以在外部使用。

并行处理语句的功能是用来描述结构体的行为和结构。这些并行描述语句和其他高级编程语言相类似。

如果一个结构体是用结构描述方式来描述的,那么并行处理语句则表达了结构体组织的内部元件之间的连接关系。这些语句是并行执行的,各个语句之间没有顺序关系。

如果一个结构体是用进程语句来描述的,同时结构体中包含有多个进程,那么各个进程之间也是并行执行的。但进程内部的语句是顺序执行的,它们不是并行的。

如果一个结构体是用模块化方式来描述的,那么结构体中各个模块之间是并行执行的而模块内部的语句执行顺序则根据描述方式来决定。

例如:描述 D 触发器功能的结构体

```
ARCHITECTURE rtl OF sync_rdff IS
    BEGIN
        PROCESS(clk)
        BEGIN
            IF(clk' event AND clk='1')THEN
                IF(reset='0')THEN
                    m<='0';
```

```
                ELSE
                    m<=d;
                END IF;
            END IF;
        END PROCESS;
    END rtl;
```

5.5.4 配置

在 VHDL 中，配置语句是 VHDL 设计实体中的一个基本单元，用来描述各种层与层之间的连接关系以及设计实体与结构体之间的连接关系。在综合和仿真中，可以利用配置语句为实体指定或配置一个结构体。如可以利用配置使仿真器为同一实体配置不同的结构体，以使设计者比较不同结构体的仿真差别，或者为例化的各元件实体配置指定的结构体，从而形成一个所希望的例化元件层次构成的设计实体。例如，对于一个 8 位计数器和一个 16 位的计数器，由于计数器的设计实体是完全相同的，所不同的仅仅是它们的结构体，因此，设计过程中可以只设计一个实体和两个结构体，然后通过配置对实体配置不同的结构体，从而减少对 VHDL 程序重复书写。

配置语句的语法结构如下：

```
CONFIGURATION 配置名 OF 实体名 IS
    [配置说明语句]
    END 配置名;
```

最简单的配置格式如下：

```
CONFIGURATION 配置名 OF 实体名 IS
 FOR 被选结构体名
 END FOR;
 END 配置名;
```

习　　题

5-1　简述 VHDL 的程序结构。
5-2　写出 ENTITY 定义区的命令格式，并叙述它的作用是什么？
5-3　写出 ARCHITECTURE 定义区的命令格式，并叙述它的作用是什么。
5-4　VHDL 子程序有什么作用？它有哪两种方式？
5-5　解释程序
要求：解释带有下画线的语句。

程序一

```
LIBRARY IEEE;
USE IEEE.STD_LOGIC_1164.ALL;
ENTITY mux21 IS
  PORT(a,b,s:IN bit;
       y:OUT bit);
```

```
END mux21a;
ARCHITECTURE one OF mux21 IS_____
  BEGIN
    y<=a WHEN s='0' ELSE   b;
END one;
```

程序二

```
LIBRARY IEEE;
USE IEEE.STD_LOGIC_1164.ALL;
ENTITY bijiao IS
PORT(dat1,dat2:IN std_logic_vector(3 downto 0);
     dat3,dat4:IN std_logic_vector (3 downto 0);
     out1,out2:OUT std_logic_vector(3 downto 0));
 END bijiao;
 ARCHITECTURE one OF bijiao IS
FUNCTION MAX(a,b:IN std_logic_vector)_____
     return        STD_LOGIC_VECTOR IS
 VARIABLE temp: STD_LOGIC_VECTOR(3 downto 0);_____
 BEGIN
IF a>b THEN    temp:=a;
     ELSE    temp:=b;
 END IF;
 return temp;_____
  END  max;_____
 BEGIN
out1<=max(dat1,dat2);_____
out2<=max(dat3,dat4);_
 END one;
```

第 6 章 VHDL 语句

VHDL 语言主要用于描述数字系统的结构、行为、功能和接口,在使用中很好地体现了标准化的优势,因而逐步得到推广。1987 年被接纳为 IEEE1076 标准,也是第一个被 IEEE 标准化的硬件描述语言。目前在硬件描述语言中,较为常用的除 VHDL 外还有起源于集成电路设计的 Verilog HDL。

6.1 VHDL 程序结构

VHDL、Verilog HDL 是目前常用的硬件描述语言。VHDL 起源于美国国防部的 VHSIC;Verilog HDL 起源于集成电路的设计,区别在于以下几方面:

(1)逻辑描述层次。一般的硬件描述语言可以在三个层次上进行电路描述,其层次由高到低依次可分为行为级、RTL 级和门电路级。

(2)设计要求。用 VHDL 进行电子系统设计时可以不了解电路的结构细节,设计者所做的工作较少;用 Verilog 语言进行电子系统设计时需了解电路的结构细节,设计者需做大量的工作。

(3)对综合器的要求。VHDL 描述语言层次较高,不易控制底层电路,因而对综合器的性能要求较高;Verilog 对综合器的性能要求较低。

6.1.1 VHDL 的特点

VHDL 作为一种主要的硬件描述语言,除了含有许多具有硬件特征的语句,VHDL 的语言形式和描述风格与句法十分类似于一般的计算机高级语言。

VHDL 具有以下主要优点:

(1)VHDL 具有强大的功能,覆盖面广,描述能力强,可用于从门级、电路级直至系统级的描述、仿真和综合。可以避开复杂的器件内部结构,从逻辑上对系统进行描述。具有丰富的仿真语句和库函数,随时可对系统进行仿真模拟。

(2)VHDL 有良好的可读性。容易被读者理解,易于文件的归档。用 VHDL 书写源程序,可以进行团队设计,并可以多方沟通。方便设计成果在团队间交流共享,减少工作量,缩短开发周期。

(3)VHDL 有良好的可移植性。作为一种已被 IEEE 承认的工业标准,VHDL 事实上已成为通用的硬件描述语言,可以在不同的设计环境和系统平台中使用。VHDL 语言源代码可以用多种工具模拟或综合。VHDL 设计程序的硬件实现目标器件有广阔的选择范围,其中包括各种系列的 CPLD、FPGA 及各种门阵列器件。

（4）使用 VHDL 可以延长设计的生命周期。因为 VHDL 的硬件描述与工艺技术无关，所以不会因工艺变化而使描述过时。与工艺技术有关的参数可通过 VHDL 提供的属性加以描述，工艺改变时，只须修改相应程序中的属性参数即可。

（5）VHDL 支持对大规模设计的分解和已有设计的再利用。VHDL 可以描述复杂的电路系统，支持对大规模设计进行分解，由多人、多项目组来共同承担和完成。VHDL 语言将描述的电路看作一个模块，这些模块可以存档放在库中，方便在以后设计中进行复用。为层次化、模块化设计带来便利。标准化的规则和风格，为设计提供了有力的语法支持。

（6）VHDL 具有类属描述语句和子程序调用等功能，对于完成的设计，在不改变源程序的条件下，只须改变类属参量或函数，就能轻易地改变设计的规模和结构。

6.1.2 VHDL 程序结构

对于一个完整的 VHDL 程序，由以下几个部分组成：
（1）库（LIBRARY）。
（2）程序包（PACKAGE）。
（3）实体（ENTITY）。
（4）结构体（ARCHITECTURE）。
（5）配置（CONFIGURATION）。

其中实体和结构体是设计实体必需的，而库、程序包、实体则可以根据设计需要来添加。下面的例子是一个完整的 VHDL 设计程序，所对应的部分在右边表示出。

```
LIBRARY IEEE;                                   --库
-----------------------------------
USE IEEE.STD_LOGIC_1164.ALL;                    --程序包
-----------------------------------
ENTITY xor_gate IS                              --实体
  PORT(a, b: IN bit;
       c: OUT bit) ;
END xor_gate;
-----------------------------------
ARCHITECTURE data_flow1 OF xor_gate IS          --结构体
BEGIN
  c<=a and (not b);
END data_flow1;
-----------------------------------
CONFIGURATION cnf OF xor_gate IS                --配置
  FOR data_flow1
  END FOR;
END cnf;
```

在 VHDL 的程序中标识符是不区分大小写的，但保留字一般采用大写，如库 LIBRARY。

1. 库及程序包

库是经编译后的数据的集合，它存放程序包定义、实体说明、结构体构造定义和配置定义。库中资源可以被用作进行其他设计，在设计单元内的语句可以使用多个库中的结果。因此，库的好处就是设计者可以共享已经编译的设计结果,在 VHDL 中有很多库,但他们相互独立。大致可以归纳为 5 种库:IEEE 库、STD 库、 ASIC 库、WORK 库和用户自定义库。

通常在一个实体中对数据类型、常量等进行的说明只可以在一个实体中使用,为了使这些说明可以在其他实体中使用,VHDL 提供了程序包结构,包中罗列 VHDL 中用到的信号定义、常数定义、数据类型、元件语句、函数定义和过程定义,它是一个可编译的设计单元,也是库结构中的一个层次,使用包时可以用 USE 语句说明。

包集合结构如下:

```
PACKAGE 包名 IS
    [说明语句]
END 包名
PACKAGE BODY 包名 IS
    [说明语句]
END 包名
USE 语句格式如下:
USE 库名 程序包名.ALL;
```

2. 实体

实体说明主要描述的是一个设计的外貌,即对外的输入/输出接口以及一些用于结构体的参数的定义。简言之,实体就是用来描述所设计系统与外部环境的接口。

实体说明结构如下:

```
ENTITY 实体名 IS
[类属参数说明];
[端口说明];
END ENTITY 实体名;
```

3. 结构体

结构体是一个基本设计单元,它具体地指明了该基本设计单元的行为、元件及内部的连接关系、信号传输以及动态行为。也就是说,它定义了设计单元具体的功能。

结构体对其基本设计单元的输入/输出关系可用以下三种方式进行描述。

(1)行为描述 behavioral(基本设计单元的数学模型描述)。

(2)寄存器传输描述 dataflow(数据流描述)。

(3)结构描述 structural(逻辑元件单元连接描述)。

不同的描述方式只是在描述语句上不同,而结构体的结构是完全一样的。

一般结构体的具体结构如下:

```
ARCHITECTURE 结构体名 OF 实体名 IS
[定义语句]内部信号,常数,数据类型,函数等的定义;
BEGIN
[并行处理语句];
END ARCHITECTURE 结构体名;
```

结构体声明语句中声明的对象在该结构体中是可见的,且只在该结构体内有效。结构体多条并行处理语句与书写的先后顺序无关,是并行执行的。

4. 配置

配置用来在多构造体的实体中选择构造体,例如,在做触发器的实体中使用了两个构造体,目的是研究各个构造体描述的触发器的行为性能如何,但是究竟在仿真中使用哪一个构造体的问题就是配置问题。有些情况下,一个实体可对应多个结构体,这种情况下需要通过配置对实体说明配置不同的结构体,以减少重复 VHDL 程序的书写。

配置语句格式:

```
CONFIGURATION  配置名  OF 实体名 IS
[说明语句]
END  配置名;
```

一个完整的基于状态机的流水灯 VHDL 程序如下:

```
LIBRARY IEEE;
USEIEEE.STD_LOGIC_1164.ALL;
USEIEEE.STD_LOGIC_ARITH.ALL;
USEIEEE.STD_LOGIC_UNSIGNED.ALL;
ENTITY led IS
        PORT(clk:IN STD_LOGIC;
        led_out:OUT STD_LOGIC_VECTOR(4downto0));
END led;

ARCHITECTURE Behavioral of led is
  SIGNAL n:INTEGERRANGE 0to6;
  TYPE state_typeis(a,b,c,d);
  SIGNAL next_state,present_state:state_type;
    BEGIN
        tem:PROCESS(present_state)
        BEGIN
        CASE present_stateis
        WHEN a=>
        led_out<="10001";              --*...* 两边灯亮
        next_state<=b;
        WHEN b=>
        led_out<="01010";              --.*.*. 第二个和点三个灯亮
        next_state<=c;
        WHEN c=>
        led_out<="00100";              --..*.. 中间灯亮
        next_state<=d;
        WHEN d=>
        led_out<="11111";              --全亮
        next_state<=a;61
END CASE;
END PROCESS tem;

  tep:PROCESS(clk)
    BEGIN
     IF rising_edge(clk) then          --可通过设计 n 的值进行延时
      n<=n+1;
     IF n=5 THEN
      n<=0;
```

```
           present_state<=next_state;7
        END IF;
      END IF;
  END PROCESS tep;
END Behavioral;
```

6.2 顺序语句

在 VHDL 结构体中用于描述逻辑功能和电路结构的语句，按语句执行顺序分为顺序语句和并行语句两部分。顺序语句的执行方式类似于普通软件语言的程序执行方式，都是按照语句的前后排列方式逐条顺序执行的。而在结构体中的并行语句，无论有多少行语句，都是同时执行的，与语句的前后次序无关。

在 VHDL 程序中，顺序语句是按照语句的顺序依次执行的。它们可以出现在进程、函数、过程语句内。主要包括 IF 语句、WAIT 语句、CASE 语句、LOOP 语句、NULL 语句、ASSERT 语句、REPORT 语句等，其中，对于一般的可综合电路描述，使用 WAIT 语句、IF 语句、CASE 语句和 LOOP（循环）语句，这四种顺序语句已经足够了。下面将对几种常用语句做详细介绍。

6.2.1 赋值语句

赋值语句主要包括变量赋值和信号赋值两种。

1. 变量赋值语句

变量赋值语句语法格式为

变量赋值目标 := 赋值表达式

":="是变量的赋值符，其功能是把右边表达式的值赋给左边的变量，右边的表达式可以是变量、字符等。变量只在其说明域中有效，只在进程、函数中使用，不许进程间传递变量值。说明它是局部变量，变量赋值语句只能是顺序语句。下面给出一个简单的赋值语句程序。

例如，

```
PROCESS
VARIABLE a,b: INTEGER;
BEGIN
    WAIT until clk='1';
      a: =10;
      b: =20;
END PROCESS;
```

2. 信号赋值语句

信号赋值语句的书写格式为

目的信号名 <=信号变量表达式；

在 VHDL 语言中，用符号"<="为信号赋值。其功能是把右边信号量表达式的值赋给左边的信号量。要求"<="两边的信号变量类型和位长度应该一致。需要注意的是，关系运算

符中的小于等于也是用符号"<="表示，在应用时需根据上下文的含义和说明来确定其含义。

例如，顺序赋值语句，X、Y 的值均为 n+p

```
PROCESS(m,n,t,p)IS
BEGIN
    P<=a;
    X<=n+p;
    P<=t;
    Y<=n+p;
END PROCESS
```

例如，四选一数据选择器 VHDL 实现：

```
ARCHITECTURE a OF mux4_1 IS
BEGIN
    X<=(a AND NOT(s(1))AND NOT(s(0)))OR
       (b AND NOT(s(1))AND (s(0)))OR
       (c AND NOT(s(1))AND NOT(s(0)))OR
       (d AND s(1)AND s(0));
END a;
```

信号赋值语句执行经过延迟后信号才能得到新值。信号量赋值语句中，将进程语句最后赋给的值作为最终值。而变量赋值，一经赋值语句执行就变为新的值。

例如，X 为 m+n,Y 为 n+t

```
PROCESS(m,n,t)IS
VARIABLE D:STD_LOGIC_VECTOR(3 downto 0);
  BEGIN
      p:=m;
      X<=n+p;
      p:=t;
      Y<=n+p;
END PROCESS
```

6.2.2 IF 语句

IF 语句是一种条件语句，它根据语句中所设置的一种或多种条件，且根据条件成立与否有选择地执行指定的顺序语句。IF 语句可用于选择器、比较器、编码器、译码器、状态机等的设计，是 VHDL 语言中最常用的语句之一。

IF 语句按其书写格式可分为以下 3 种。

（1）IF　条件　THEN。

　　　　顺序语句
　　END IF;

IF、THEN、END IF 是语句中的关键字，顺序语句是否能被执行，取决于 IF 和 THEN 之间的条件是否满足。执行情况如下：先判断 IF 语句所指定的条件是否成立。若条件成立，则继续执行 IF 语句中所包含的顺序处理语句并以 END IF 结束；如果条件不成立，程序将跳过 IF 语句所包含的顺序处理语句，转而向下执行 IF 的后继语句。其中条件语句必须由布尔表达式构成。

（2）IF 条件 THEN。
```
    顺序语句
ELSE
    顺序语句
END IF;
```

这种 IF 语句中 IF、THEN、ELSE、END IF 是语句中的关键字，又可以称为二选一控制语句。

（3）IF 条件 THEN。
```
    顺序语句
ELSIF 条件 THEN
    顺序语句
ELSIF 条件 THEN
    顺序语句
       ⋮
ELSE
    顺序语句
END IF;
```

这种 IF 语句中 IF、THEN、ELSIF、ELSE、END IF 是语句中的关键字，又可以称为多选择控制语句。IF 语句根据条件句产生的判断结果 TRUE 或 FALSE，有条件地选择执行其后的顺序语句

程序执行到这种 IF 语句中时，要判断满足哪一个条件，就执行条件对应的顺序语句。如果所有设置的条件都不满足，则程序执行 ELSE 和 END IF 之间的顺序处理语句。

在使用 IF 语句中，要注意，因为条件由布尔量构成，所以 IF 语句条件表达式只能使用关系运算符和逻辑运算符或其组合形式。

例如，使用 IF 语句来描述一个四位等值比较器的功能：

```
LIBRARY   IEEE;
USE   IEEE_std_logic_1164.ALL;
ENTITY  eqcomp4  IS
PORT(
         a , b:  IN std_logic_vector(3 down to 0);
         y:  OUT std_logic            );
END eqcomp4;
ARCHITECTURE  behavioral  OF  eqcomp4  IS
BEGIN
Comp: PROCESS( a,b )
 BEGIN
     Equals <= '0';

     IF  a=b  THEN
         Equals <='1';
     END IF;
END  PROCESS comp;
END behavioral;
```

例如，四选一电路描述：

```
LIBRARY  IEEE;
USE  IEEE_STD_LOGIC_1164.ALL;
ENTITY  mux4  IS
PORT(  input:IN STD_LOGIC_VECTOR(3 DOWNTO 0);
           sel:IN STD_LOGIC_VECTOR(1 DOWNTO 0);
            y: OUT STD_LOGIC );
END mux4;
ARCHITECTURE  rtl  OF  mux4  IS
BEGIN
PROCESS(input,sel)
BEGIN
IF(sel="00")THEN
    y<=input(0);
ELSE IF(sel="01")THEN
    y<=input(1);
ELSE IF(sel="10")THEN
    y<=input(2);
ELSE
    y<=input(3);
END IF;
END PROCESS;
END ARCHITECTURE  rtl;
```

6.2.3　CASE 语句

CASE 语句与 IF 语句类似，也是一种先判断条件再选择执行对象的语句。与 IF 语句不同，CASE 语句组的语句没有先后顺序，所有表达式的值都并行处理；IF 语句是有序的，按照先后顺序处理条件。因此在逻辑综合时，CASE 语句中的 WHEN 项可以颠倒次序而不会发生逻辑错误，但 IF 语句颠倒条件判别次序会使逻辑功能发生改变。CASE 语句条件、执行语句对应关系非常明显，CASE 语句的可读性比 IF 语句强。

CASE 语句常用来描述总线行为、编码器、译码器等的结构。

语句的结构如下：

CASE 表达式 IS

  WHEN 条件表达式 => 顺序语句；
    ⋮
  WHEN 条件表达式 => 顺序语句；
  WHEN OTHERS => 顺序语句；
END CASE;

当 CASE 和 IS 之间的表达式的取值满足指定的条件表达式的值时，程序将执行该条件表达式后由符号=>所指定的顺序语句。

例如，case 语句实现了 2-1 选择器的功能：

```
PROCESS(sel(2),data1,data2 )
BEGIN
    CASE sel(2) IS
        WHEN '0'=> data_out <= data1;
        WHEN '1'=> data_out <= data2;
```

```
            WHEN OTHERS=> data out <= '0';
    END CASE;
END PROCESS;
```

条件表达式的值可以是一个值,可以是多个值的"或"关系,或者是某一个值的取值范围。
(1) 单个普通数值。
如 WHEN 选择值 => 顺序语句;

```
CASE S IS
    WHEN "00"=> b <= a;
```

当 S 的值为 "00" 时,把 a 的值赋给 b。
(2) 并列数值。
如 WHEN 值/值/值 => 顺序语句;

```
CASE S IS
    WHEN1/2/3=> b <= a;
```

当 S 的值为 1 或 2 或 3 时,把 a 的值赋给 b。
(3) 数值选择范围。
如 WHEN 值 TO 值 => 顺序语句;

```
CASE S IS
    WHEN 1 TO 5 => b <= a;
```

当 S 的值为 1,2,3,4,5 时,把 a 的值赋给 b。
也可以把这几种结合起来作为条件的值,

```
CASE S IS
WHEN 4 TO 7|2 =>  b <= a;
```

当 S 的值为 4 TO 7 或 2 时,把 a 的值赋给 b。
注意:
① CASE 语句中每一条语句的选择值只能出现一次,即不能有相同选择值的条件语句出现;

```
    CASE S IS
        WHEN "00"=> b <= a;
        WHEN "01"=> b <= c;
        WHEN "00"=> b <= d;
        WHEN "11"=> b <= n;
    END CASE;
```

当 S 的值为 "00" 时,第一个执行语句为把 a 的值赋给 b,但三条语句是把 d 的值赋给 b,如果是 WHEN 语句顺序执行就会发生混乱。所以 CASE 语句的 WHEN 语句是没有先后顺序的,所有表达式的值都并行处理,即进入 CASE 语句就判断表达式的值,这个值同时与每个 WHEN 语句中的条件比较,根据条件决定执行哪条语句。

② 除非所有条件句中的选择值能完整覆盖 CASE 语句中表达式的取值,否则最后一个条件句的选择必须用"OTHERS"结尾;
OTHERS 代表已给出的所有条件语句中未能列出的表达式或其他可能的取值。OTHERS

在一个 CASE 语句中只能出现一次,且只能作为最后一种条件取值出现。使用 OTHERS 是为了使条件语句中的所有选择值能覆盖表达式的所有取值,避免综合过程中插入不必要的锁存器。这一点对于定义为 STD_LOGIC 和 STD_LOGIC_VECTOR 数据类型的值尤为重要,因为这些数据对象的取值除 1、0 之外,还可能出现输入高阻态 Z,不定态 X 等。

③ 条件表达式中的选择值必须在表达式的取值范围内。

④ CASE 语句执行中必须选中,且只能选中所列条件表达式中的一条。这表明 CASE 语句中至少要包含一个条件表达式。

例如,三—八译码器描述:

```
LIBRARY IEEE;
USE IEEE_STD_LOGIC_1164.ALL;
ENTITY decode_3to8 IS
PORT( a,b,c,G1,G2A,G2B:IN STD_LOGIC;
       y:OUT STD_LOGIC_VECTOR(7 DOWNTO 0)
       );
END ENTITY decode_3to8;
ARCHITECTURE rtl OF decode_3to8 IS
SIGNAL indata:STD_LOGIC_VECTOR(2 DOWNTO 0);
BEGIN
indata<=c&b&a;
PROCESS (indata,G1,G2A,G2B)
BEGIN
    IF(G1='1' AND G2A='0' AND G2B='0')THEN
      CASE indata IS
      WHEN"000"=>y<="11111110";
      WHEN"001"=>y<="11111101";
      WHEN"010"=>y<="11111011";
      WHEN"011"=>y<="11110111";
      WHEN"100"=>y<="11101111";
      WHEN"101"=>y<="11011111";
      WHEN"110"=>y<="10111111";
      WHEN"111"=>y<="01111111";
      WHEN OTHERS=>y<="XXXXXXXX";
      END CASE;
    ELSE
         y<="11111111";
    END IF;
END PROCESS;
END ARCHITECTURE rtl;8
```

6.2.4 LOOP 语句

电路描述过程中需要重复操作或模块需要很强的迭代能力时可以使用 LOOP 语句,LOOP 语句就是循环语句,它的功能就是使包含的一组顺序语句循环执行,其执行的次数受迭代算法控制。循环的方式由 NEXT 和 EXIT 语句来控制。

一般情况下不建议使用 LOOP 语句,因为该语句的使用常常会造成程序的不可综合。

LOOP 语句的重复模式一般有三种:

(1) 简单 LOOP 语句。

简单 LOOP 语句的书写格式如下:

```
[标号:] LOOP
        顺序语句
     END LOOP[标号];
```

这种循环语句为避免成为无限循环,须引入控制语句(多采用 EXIT)后才能确定,其中的标号是可选的。

例如, loop1: LOOP

```
    WAIT UNTIL clk="1";
    q<d AFTER 2ns;
END LOOP loop1;
```

(2) FOR_LOOP 语句。

该语句语法格式为:

```
[标号: ] FOR 循环变量 IN  循环次数范围  LOOP
           顺序语句
        END LOOP[标号];
```

其中,IN 是关键字,标号为可选项,适用于循环次数已知的情况。循环次数范围可以用 TO 或 DOWNTO 来规定循环次数,TO 的左边起点值小于右边终点值,而 DOWNTO 恰恰相反,左边起点值大于右边终点值。VHDL 中允许不对循环变量作变量说明。

例如,奇偶校验电路的 VHDL 实现:

```
LIBRARY  IEEE;
USE  IEEE_STD_LOGIC_1164.ALL;
ENTITY  parity_checker  IS
PORT(  data:IN STD_LOGIC_VECTOR(7 DOWNTO 0);
       p:OUT STD_LOGIC           );
END ENTITY  parity_checker;
ARCHITECTURE  behavior  OF  parity_checker  IS
BEGIN
     PROCESS(data)
     Variable temp:STD_LOGIC;
     BEGIN
         temp:="0";
         FOR n IN 7 DOWN TO 0 LOOP;
         temp:=tempx or data(n);
      END LOOP;
      p<=temp;
      END PROCESS;
END behavior;
```

LOOP 语句中,只须掌握 FOR LOOP 语句即可,其他类型 LOOP 语句并不常用。如上例中"7 DOWN TO 0"需要循环 8 次,FOR LOOP 语句完成了 8 条语句的描述功能。FOR LOOP 可综合条件是循环次数范围必须为确定的数值,上例中为 7 TO 0。FOR LOOP 循环变量在一次执行过程中就取遍了所有值,而不是每执行一次循环变量依次加 1 或减 1。

（3）WHILE_LOOP 语句。

当循环次数未知时，采用 WHILE_LOOP 语句，这种语句的书写格式如下：

```
[标号: ] WHILE 循环控制条件 LOOP
                顺序语句
            END LOOP[标号];
```

这种循环方式并没有给出具体的循环次数，而是给出了循环执行顺序语句的条件。循环控制条件为布尔表达式，当条件为"真"时，则继续进行循环，如果条件为"假"，则结束循环。

例如，将上例中奇偶校验电路用 WHILE_LOOP 语句描述如下：

```
LIBRARY  IEEE;
USE  IEEE_STD_LOGIC_1164.ALL;
ENTITY  parity_checker  IS
PORT(  data:IN STD_LOGIC_VECTOR(7 DOWNTO 0);
       p:OUT STD_LOGIC           );
END ENTITY  parity_checker;
ARCHITECTURE  behavior  OF  parity_checker  IS
BEGIN
    PROCESS(data)
    Variable temp:STD_LOGIC;
    BEGIN
        temp:="0";
        n:=0;
        WHILE(n<8) LOOP;
        temp:=tempx or data(n);
        n:=n+1;
      END LOOP;
        p<=temp;
END PROCESS;
END behavior;
```

6.2.5　WAIT 语句

在进程中有一些敏感信号，这些信号变化时进程中的语句开始执行。WAIT 语句在进程中起到与敏感信号相同的作用。进程在仿真运行过程中可选择执行或挂起两种状态，是否运行由敏感信号或 WAIT 语句决定。当进程执行到等待语句时，就将被挂起并设置可以再次执行的条件，直到条件满足才会再次运行。

WAIT 语句允许顺序执行的进程或子程序的执行或挂起。此语句的形式常用的有以下两种：

（1）WAIT ON 信号[，信号…]；

WAIT ON 语句使进程挂起。ON 后是一个或几个信号，当这些信号只要有一个发生改变，进程就会由挂起状态转为执行状态。

例如：

WAIT ON m, n;

当 m，n 有一个变化时，就会执行此语句的后续语句。

例如：如下描述的两个进程完全等价。

```
PROCESS (m,n) IS
BEGIN
      Y<=a AND b;
END PROCESS;

PROCESS
BEGIN
    Y<=a AND b;
    WAIT ON a,b;
END PROCESS;
```

(2) WAIT UNTIL 表达式

WAIT UNTIL 语句是条件等待语句,其中的表达式是布尔表达式,当执行到此语句时,要判断布尔表达式的值是否为"真",如果其结果是"真"值,满足 UNTIL 之后的条件,则进程脱离挂起状态,继续执行下面的语句。当表达式中的任何一个信号量发生变化时,就立即对表达式进行一次评估。

因此,WAIT UNTIL 向下继续执行必须同时具备两个条件:
① 在表达式中所含的任一信号发生了变化。
② 此信号改变后,能够满足 WAIT UNTIL 语句中表达式的条件。

例如:

```
WAIT UNTIL clk'event and clk='1';
```

在表达式中信号 clk 发生变化,且是上升沿到来时可以继续执行语句,否则进程将被挂起。直到条件表达式中的条件为"真"。时序电路设计中常用信号的上升沿触发电路,这种行为的描述就可以用 clk'event and clk='1'表示,clk'event and clk='0'就相应地表示 clk 信号的下降沿。

一般地,在一个进程中使用了 WAIT 语句,经过综合就会产生时序逻辑电路。时序逻辑电路的运行依赖于时钟的上升沿或下降沿,同时还具有数据存储的功能。

例如:

```
PROCESS
    BEGIN
     rst_loop : LOOP
       WAIT UNTIL clock ='1' AND clock' EVENT;     -- 等待时钟信号
       NEXT rst_loop WHEN (rst='1');                -- 检测复位信号 rst
       x <= a ;                                     -- 无复位信号,执行赋值操作
       WAIT UNTIL clock ='1' AND clock' EVENT;     -- 等待时钟信号
       NEXT rst_loop WHEN (rst='1');                -- 检测复位信号 rst
       y <= b ;                                     -- 无复位信号,执行赋值操作
       END LOOP rst_loop ;
END PROCESS;
```

6.3 并行语句

实际中硬件系统操作大多是并发的,并行语句反映了 VHDL 的硬件特性。之所以称为并行是指这些语句在结构体中的执行是同时并发执行的,也就是与书写次序无关。在同一时刻,

每个语句都各自同时执行,但能否执行取决于该语句中的敏感信号(触发事件)是否发生了新的变化。敏感信号只要发生新的变化所对应的语句就会执行一次,而不受其他语句的影响。在执行中,并行语句之间可以是互为独立、互不相关的。这里只对常用的并行语句进行介绍。

6.3.1 进程语句

进程(PROCESS)语句被称为最具 VHDL 语言特色的语句,也是最主要的并行语句,它在 VHDL 程序设计中使用频率最高。

书写格式如下:

```
[进程标号:] PROCESS [(敏感信号表)] [is]
           [说明区;]
           BEGIN
             < 顺序语句; >
           END   PROCESS [进程标号];
```

说明:

(1)进程标号,is,说明区,敏感信号表,是可选项,不是必须的;但使用,可提高程序可读性。

(2)PROCESS,BEGIN,END PROCESS 是语句中的关键字;

(3)敏感信号表一般是同步控制信号,由一个或多个敏感信号组成。可以激活某进程的信号称为该进程的敏感信号。这些信号中的一个或多个改变时,进程被激活执行其内部的顺序语句。例如:

```
PROCESS(a,b,c)
```

a,b,c 就是此进程的敏感表,也可以只包含一个敏感信号,例如:

```
PROCESS(clk)
```

进程有两种状态,正在执行中的状态称为激活状态;否则,称为其处于挂起状态。

(4)激活进程可以有两种方法,一种就是利用敏感信号的变化,另外一种就是利用之前介绍过的 WAIT 语句。

敏感信号表中定义的敏感信号的变化用来启动进程,否则进程必须由一个显式的 WAIT 语句来激活。VHDL 中规定 PROCESS 之后列出了敏感信号表,在进程的主体程序中决不允许再出现 WAIT 语句,如果没有列出,必须用 WAIT 语句。也就是说,一个进程中不能同时出现敏感信号和 WAIT 语句。

(5)说明区内可以定义一些进程内部的局部量,包括数据类型、常数、属性、子程序等。进程说明部分中不允许定义信号和共享变量,信号是全局量。说明区最为常见的是变量说明,一般形式如下:

```
VARIABLE 定义变量表:类型说明初始值 [ := 初值 ];
```

(6)顺序语句可以是前一节所介绍过的语句,如赋值语句、子程序调用语句、IF 语句、CASE 语句、LOOP 语句等。

进程语句作为一个整体是并发执行的语句,但是语句内部是顺序语句。VHDL 的结构体中可以有多个进程语句,各进程语句之间是并行关系,进程内部各语句之间是顺序关系,按照它们的书写次序顺序执行。

例如，PROCESS 语句结构程序如下，该程序描述了一个二选一电路：

```
cale:PROCESS(d0,d1,sel)
VARIBALE temp1,temp2,temp3:BIT;
BEGIN
    temp1:=d0 AND sel;
    temp2:=d1AND(NOT sel);
    temp3:=temp1 OR temp2;
    q<=temp3;
END PROCESS cale;
```

程序中出现的 temp1,temp2,temp3 均为定义的中间变量，只能在进程中使用。

例如简单双输入与非门模型 NAND,端口 a，b 为输入，端口 c 为输出。

```
PROCESS(a,b)
   VARIABLE temp:std_logic;
BEGIN
    temp:not (a and b);
    IF (temp='1') THEN
      C<=temp after 6ns;
    ELSE IF(temp='0') THEN
        C<=temp after 5ns;
    ELSE
        C<=temp after 6ns;
END PROCESS
```

6.3.2 块语句

块（BLOCK）语句可以看做结构体中的子模块。结构体可以看做电路设计总原理图，而结构体包含若干个块语句，因此块语句就看成一张大的电路图中的子图。块语句是由许多并行语句组合在一起而形成一个子模块，结构体内的块语句是并行的，与进程不同的是，块语句内部也是并行语句。

采用块语句的主要目的是改善并行语句及其结构的可读性，或是利用 BLOCK 的保护表达式关闭某些信号。

BLOCK 语句的书写格式：

```
[块标号: ] BLOCK [保护表达式]
[GENERIC [类属接口表;]];
[PORT [端口接口表;]];
    [块说明部分]
      BEGIN
          <并行语句 1>
          <并行语句 2>
              ⋮
END BLOCK [块标号];
```

说明及使用要求：

（1）块的使用。BLOCK 的应用可使结构体层次鲜明，结构明确。利用 BLOCK 语句可以将结构体中的并行语句划分成多个并列方式的 BLOCK。

如果设计一个存储器控制系统，整个系统由地址推进、读出控制、写入控制 3 个模块组成。我们采用原理图设计，可以把此系统的原理图按照 3 个子模块分别绘制，每一部分是一张子图。采用 VHDL 设计，类似于上面的步骤，把整个系统用一个程序来描述，每一个模块可以设计成相对应的块语句，即程序结构体有 3 个块语句。

（2）BLOCK [保护表达式]。保护表达式是可选项。此表达式是一个布尔表达式，如果使用了保护表达式，则称为"带保护的 BLOCK 语句"（GUARDED BLOCK），只有当该条件为真时，块中的语句才被执行。

"带保护的 BLOCK 语句"是 VHDL'93 新增加的语句。

（3）每一个 BLOCK 相似于一个独立的设计实体，也具有类属参数说明和端口说明，并且定义方法与实体的相同。块语句利用 GENERRIC，GENERRIC_MAP 语句，PORT，PORT_MAP 语句进行信号的映射和参数定义。

GENERRIC 和 PORT 语句，可以将块内的信号变化传递到块外，也可以把块外的信号传递到块内。

例如：

```
    ARCHITECTURE  R  OF  SS IS
     SIGNAL  A，B: BIT;
    BEGIN
      BL: BLOCK
       PORT (P1,P2: IN  BIT;
          P3:  OUT  BIT);         --块结构中局部端口定义
       POTR MAP(P1=>B, P2=>A);    --块结构端口连接说明
        BEGIN
        ……                        --并行描述语句
       END BLOCK  BL;
        ……
     END R;
```

上例中在 BLOCK 语句中利用端口语句 PORT 说明了块 BL 的端口标号、方向及数据类型，端口映射语句 PORT_MAP 将块内的端口 P1,P2 分别映射到结构体内的局部变量 A,B 相当于进行了块内外信号的连接，这种映射可以是同一结构体内块与块之间的映射，块与结构体内的局部变量、块与实体端口的映射。

需特别注意的是，块中定义的所有的数据类型、数据对象（信号、变量、常量）和子程序等都是局部的；对于多层嵌套的块结构，这些局部定义量只适用于当前块，以及嵌套于本层块的所有层次的内部块，而对此块的外部来说是不可见的。

（4）块说明部分。块说明部分定义的所有的数据类型、数据对象和子程序等都是局部的；对于多层嵌套的块结构，这些局部定义量只适用于当前块，以及嵌套于本层块的所有层次的内部块，而对此块的外部来说是不可见的。

（5）块的结构。一个结构体内可以有多个块语句，一个块语句中也可以包含多个子块语句，这样循环嵌套以形成一个大规模的硬件电路。

例如，用 BLOCK 描述二选一电路，程序如下：

```
        cale: BLOCK
        BEGIN
           temp1<=d0 AND sel;
           temp2<=d1AND(NOT sel);
           temp3<=temp1 OR temp2;
           q<=temp3;
        END BLOCK cale;
```

例如，块语句描述 D 触发器

```
ENTITY DFF IS
        Port(D,clk:in std_logic;
             Q,qb:out std_logic);
END DFF
ARCHITECTURE dataflow of DFF IS
BEGIN
     LABLE:BLOCK(clk='1')
       BEGIN
         Q<=guarded D after 3 ns;
          QB<=guarded(not d)after 5ns;
       END BLOCK LABEL;
END dataflow;
```

6.3.3 并行赋值语句

在顺序语句中有信号赋值语句，它是在结构体中的进程内使用的；并行信号赋值语句是在结构体的进程之外使用的。

VHDL 提供了三种并行信号赋值语句：简单信号赋值语句、条件信号赋值语句和选择信号赋值语句。

1. 简单信号赋值语句

书写格式：

信号量 <=　敏感信号量表达式；

该语句的作用是将信号量表达式的值赋予目的信号量。

说明：

① 简单信号赋值语句是靠事件驱动的。只有代入符号"<="右边的对象有事件发生时才会执行该语句。也就是说表达式中至少有一个敏感信号，每当敏感信号改变其值时执行该信号赋值语句。一条并行信号赋值语句相当于一个信号赋值的进程语句。

② 使用赋值语句时，必须注意表达式的类型和目的信号量的类型，只有类型相同才可以赋值。

③ 作为并行信号赋值语句，在结构体中它们是并行执行的，执行顺序与书写的先后顺序无关。

例如，如下提供了简单的并行赋值语句，结构体中五条信号赋值语句的执行是并行发生的。

```
    ARCHITECTURE curt OF bc1 IS
    SIGNAL s1, e, f, g, h : STD_LOGIC ;
    BEGIN
       output1 <= a AND b ;
       output2 <= c + d ;
       g <= e OR f ;
       h <= e XOR f ;
       s1 <= g ;
    END ARCHITECTURE curt;
```

例如,全加器的一种描述

```
ENTITY add is
     Port(A:in_std_logic;
        B:in_std_logic;
        Cin:in_std_logic;
        Co:out_std_logic;
        S:out_std_logic);
END add;

ARCHITECTURE dataflow off add IS
      SIGNAL temp1,temp2: STD_LOGIC ;
BEGIN
     Label1:PROCESS(A,B);
     BEGIN
         temp1<=A xor B;
     END PROCESS label1;
     Label2:PROCESS(temp1,Cin)
     BEGIN
         Temp2<=temp1 and Cin;
     END PROCESS label2;
     Label3:PROCESS(temp1,Cin)
     BEGIN
         S<=temp1 xor Cin;
     END PROCESS label3;
     Label4:PROCESS(A,B,temp2)
     BEGIN
         Co<=temp2 or (A and B);
     END PROCESS label4;
END dataflow;
```

2. 条件信号赋值语句。

条件信号赋值语句也是一种并行描述语句。它的功能是根据给出的不同条件,将相对应的表达式的值赋给目的信号语句。

条件信号赋值语句的书写格式如下:

```
目的信号 <=   表达式1   WHEN 条件1  ELSE
             表达式2   WHEN 条件2  ELSE
             表达式3   WHEN 条件3  ELSE
                    ⋮
```

　　　　　　表达式 $n-1$ WHEN 条件 ELSE
　　　　　　表达式；

语句中有多个条件，把满足条件对应的表达式的值赋给左边的目的信号。若 n-1 个条件都不满足，就把表达式 n 的值赋给左边的目的信号。

说明：

① 语句执行时要先进行条件判断，如果条件满足，就将条件前面那个表达式的值代入目的信号；如果不满足条件，就去判断下一个条件；若到最后一个条件都不满足，就把最后一个表达式的值代入目的信号。因为最后一个表达式没有条件。

② 在写法上注意 ELSE 后无任何分隔符，赋值符<=只能在此语句中出现一次。

③ 条件信号赋值语句中的书写顺序不是固定的，位置是可以任意颠倒的，书写的顺序并不表示执行的先后顺序，这些语句是并行执行的。

④ 在结构体中的条件信号赋值语句的功能与在进程中的 IF 语句相同，所不同的是条件信号赋值语句不能进行嵌套。

例如，四选一逻辑电路 VHDL 语言描述：

```
 ENTITY mux4 IS
PORT(i0,i1,i2,i3,a,b:IN STD_LOGIC;
            q:OUT STD_LOGIC);
END ENTITY mux4;
ARCHITECTURE rtl OF mux4 IS
SINGAL sel: STD_LOGIC_VECTOR(1downto0);
BEGIN
    sel<=b&a;
     q<=i0 WHEN sel="00"ELSE
        i1 WHEN sel="01"ELSE
        i2 WHEN sel="10"ELSE
        i3 WHEN sel="11"ELSE
        'X';
END ARCHITECTURE rtl
```

3. 选择信号赋值语句

选择信号赋值语句是对表达式进行测试，当表达式的值不同时，将把不同的表达式代入目的信号。

选择信号赋值语句书写格式如下：

```
WITH  表达式  SELECT
    目的信号 <= 表达式1  WHEN   条件1,
              表达式2  WHEN   条件2,
              表达式3  WHEN   条件3,
                      ⋮
              表达式n  WHEN   条件n;
```

说明：

① WHEN 从句中所有取值必须互相独立，可使用 WHEN OTHERS 来替代未列举出的其他取值。

② 在程序书写时需要注意的是，前几个 WHEN 子句都以"，"结束，只有最后一个 WHEN 子句以"；"结束。

③ VHDL 在执行此语句时，目的信号是根据表达式的当前值来进行表达式代入的。当表达式的值符合某个条件时，就把该条件前的表达式代入目的信号；当表达式的值不符合条件时，语句就继续向下判断，执行下一个条件表达式。直到找到满足的条件为止。

④ 选择信号赋值语句与 CASE 语句相类似，都是对表达式进行测试，当表达式的值不同时，把不同的表达式代入目的信号。选择信号赋值语句可以在进程外实现进程内 CASE 语句的功能。

例如，码器使用选择信号赋值语句的示例程序：

```
LIBRARY  IEEE;
USE IEEE.STD_LOGIC_1164.ALL;
ENTITY decode24 IS
PORT ( a,b:IN STD_LOGIC;
       y:OUT STD_LOGIC_VECTOR( 0 TO 3));
END DECODE24;
ARCHITECTURE  rtl OF decode24 IS
    SIGNAL indata:std_logic_vector(1 DOWNTO 0);
 BEGIN
       indata<=b&a;
       WITH  indata  SELECT
       y<= "0111" WHEN  "00",
           "1011" WHEN  "01",
           "1101" WHEN  "10",
           "1110" WHEN  "11",
           "XXXX" WHEN  OTHERS;
END rtl;
```

例如，四选一选择器，不满足条件时，输出呈高阻态。

```
WITH selt SELECT
muxout <= a WHEN   0|1 ,       -- 0或1
         b WHEN 2 TO 5,        -- 2或3，或4或5
         c WHEN   6  ,
         d WHEN   7  ,
         'Z' WHEN OTHERS;
```

6.3.4 元件例化语句

编写完成的一个 VHDL 文件，可以把它看做某个电子元件。将模块化编程思想引入到硬件描述语言中，如果以后在设计中需要用到类似的功能模块，就可以把自己之前设计的，已定义为元件的这个功能模块调出来，直接使用，可以直接避免重复编程操作，非常方便。其中用户自定义的元件与可编程逻辑器件开发软件中一些参数化模块相同，都可以直接调用，如 LPM 库的模块。元件的定义与调用就是元件的例化。

当前设计实体相当于一个较大的电路系统，所定义的例化元件相当于一个要插在这个电路系统板上的芯片，而当前设计实体中指定的端口则相当于这块电路板上准备接受此芯片的一个插座。元件例化是使 VHDL 设计实体构成自上而下层次化设计的一种重要途径。

元件例化就是将预先设计好的设计实体定义为一个元件，然后利用映射语句将此元件与当前设计实体中的指定端口相连，从而为当前设计实体引入了一个低一级的设计层次。在结构体中，描述只表示元件（或模块）和元件（或模块）之间的互连，就像网表一样。

被调用的元件必须放在工作库中，通过调用工作库来引用元件。

元件例化语句由两部分组成，第一部分是将一个现成的设计实体定义为一个元件的语句，第二部分则是此元件与当前设计实体中的连接说明，元件例化语句也是一种并行语句，各个例化语句的执行顺序与例化语句的书写顺序无关，而是按照驱动的事件并行执行的。

书写格式：

（1）元件定义语句。

```
COMPONENT  例化元件名  IS
    GENERIC (类属表);
    ORT(例化元件端口名表);
END COMPONENT  例化元件名;
```

COMPONENT 语句用来说明在结构体中所要调用的模块。如果在结构体中要进行参数传递，在 COMPONENT 语句中，就需要利用 GENERIC 进行传递参数的说明；端口说明，用来对引用元件的端口进行说明；最后以关键字 END COMPONENT 来结束 COMPONENT 语句。

GENERIC 语句是参数传递语句，主要用来给设计实体的某个具体元件传递信息，如用来定义端口宽度、器件延迟时间等参数后并将这些参数传递给设计实体。在设计程序时，有些参数是待定的，利用 GENERIC 语句将待定参数初始化即可在实际使用中达到要求，并且需要更改这些参数非常方便。

（2）元件例化语句。

```
<标号名: >  <元件名>  [GENERIC MAP(参数映射)]
               PORT MAP(端口映射);
```

标号名是此元件例化的标志，在结构体中标号名应是唯一的。否则，编译时将会给出错误信息。映射就是把元件的参数和端口与实际连接的信号对应起来，以进行元件的引用。

映射的方法：位置映射和名称映射。

位置映射就是 PORT MAP 语句中实际信号的书写顺序与 COMPONENT 语句中端口说明中的信号书写顺序保持一致，对应位置的信号进行"连接"。使用这种方式，端口名和关联连接符号都可省去，在 PORT MAP 子句中，只要列出当前系统中的连接端口名就行了。

位置映射示例：

```
LIBRARY IEEE;
USE IEEE. STD_LOGIC_1164.ALL;
ENTITY example IS
       PORT(pin: IN STD_LOGIC;
            pout: OUT STD_LOGIC);
END example;
ARCHITECTURE R OF example IS
    COMPONENT  L-NOT
    GENERIC ( DELAY: TIME );
       PORT ( a: IN STD_LOGIC;
              c: OUT STD_LOGIC );
    END COMPONENT;                              --元件定义语句
BEGIN
    U1: L-NOT GENERIC MAP ( 4 ns )              --参数映射
```

```
              PORT MAP (pin, pout);              - -端口映射
END  R;
```

在上例中，元件 U1 的端口 a 映射到信号 pin1，端口 c 映射到信号 pout。

名称映射就是在 PORT MAP 语句中将引用的元件的端口信号名称赋给结构体中要使用的例化元件的信号，端口名与连接端口名的对应形式在 PORT MAP 句中的位置可以是任意的。

形式参数=>实际参数，

其中=>为关联运算符，实际参数就是结构体中要使用的例化元件的信号，形式参数引用的元件的端口信号。

例如：

```
LIBRARY IEEE;
USE IEEE.STD_LOGIC_1164.ALL;
ENTITY ND2 IS
 PORT(A,B: IN STD_LOGIC;
     C: OUT STD_LOGIC);
END ENTITY ND2;
ARCHITECTURE ARTND2 OF ND2  IS
BEGIN
      C<=A NAND B;
END ARCHITECTURE ARTND2;

LIBRARY IEEE;
USE  IEEE.STD_LOGIC_1164.ALL;
ENTITY ORD41 IS
 PORT(A1,B1,C1,D1: IN STD_LOGIC;
     Z1: OUT STD_LOGIC);
END ENTITY ORD41;
ARCHITECTURE ARTORD41 OF ORD41 IS
   COMPONENT ND2 IS
      PORT(A,B: IN STD_LOGIC;
          C: OUT STD_LOGIC);
   END COMPONENT ND2;
SIGNAL  S1,S2: STD_LOGIC;
BEGIN
       U1: ND2  PORT MAP (A1,B1,S1);            --位置关联
       U2: ND2  PORT MAP (A=>C1,C=>S2,B=>D1);   --名字关联
       U3: ND2  PORT MAP (S1,S2,C=>Z1);
END ARCHITECTURE ARTORD41;
```

习　　题

6-1　在下面的例子中标出一个完整的 VHDL 设计程序的基本组成部分。

```
  LIBRARY IEEE;
USE IEEE.STD_LOGIC_1164.ALL;
ENTITY xor_gate IS
  PORT(a, b: IN bit;
```

```
        c: OUT bit) ;
END xor_gate;

ARCHITECTURE data_flow1 OF xor_gate IS
BEGIN
  c<=a and (not b);
END data_flow1;
CONFIGURATION cnf OF xor_gate IS
  FOR data_flow1
  END FOR;
END cnf;
```

6-2 试设计一个三—八译码器,并对此进行功能仿真。

6-3 请给出进程语句的书写格式,利用此语句设计一个双输入与非门。

6-4 设计电路:

(1) 设计 16 分频的电路,通过功能仿真验证其正确性;

(2) 将以上电路改为分频数可调的电路,最多可选项为频率为 7 种。

第 7 章 基于 VHDL 的状态机设计

进行 FPGA 逻辑设计时，通常需要编写状态机实现部分逻辑要求，状态机是状态之间进行转换的逻辑结构，一个状态机在某一特定的时间点只处于一种状态，在一系列触发器的触发下，将在不同状态之间进行转换。

7.1 状态机设计基础

典型的状态机由状态寄存器和组合逻辑电路构成，能够根据控制信号按照预先设定的状态进行状态转移，是协调相关信号动作、完成特定操作的控制中心，属于种时序逻辑电路。通常状态机由三个部分组成，即当前状态寄存器(Current State, CS)、下一状态组合逻辑(Next State, NS)和输出组合逻辑（Output Logic, OL）。

7.1.1 状态机的分类

根据状态机中状态数量是否有限，可将状态机分为有限状态机和无限状态机两类。逻辑设计中所涉及的状态都是有限的，我们所说的所有状态机都是指有限状态机。从信号输出方式上，有限状态机分为 Moore 型和 Mealy 型两类，从输出时序上看前者属于异步输出状态机，后者属于同步输出状态机。Moore 型有限状态机的输出仅为当前状态的函数，这类状态机在输入发生变化后再等待时钟的到来，时钟使状态发生变化时才导致输出的变化；Mealy 型有限状态机的输出是当前状态和所有输入信号的函数，它的输出在输入变化后立即发生。从结构上看，它们的区别如图 7.1 和图 7.2 所示。

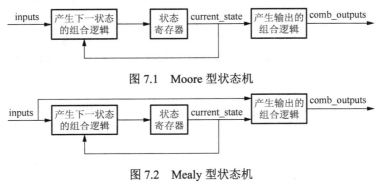

图 7.1 Moore 型状态机

图 7.2 Mealy 型状态机

7.1.2 状态机的描述方法

采用 VHDL 描述有限状态机方法有多种,状态机的描述通常包括说明部分、主控时序部分、主控组合部分和辅助进程部分。

1) 说明部分

说明部分中使用 TYPE 语句定义新的数据类型,此数据类型为枚举型,其元素通常都用状态机的状态名来定义。状态变量定义为信号,便于信息传递,并将状态变量的数据类型定义为含有既定状态元素的新定义的数据类型。说明部分一般放在结构体的 ARCHITECTURE 和 BEGIN 之间。

2) 主控时序进程

主控时序进程负责状态机运转,在时钟周期的驱动下完成状态机内部状态转换的进程。状态机随外部时钟信号以同步方式工作,当时钟的有效跳变到来时,时序进程将代表现态(current_state)信号中的内容送入次态(next_state)信号中,而次态(next_state)中的内容完全由其他进程根据实际情况而定,此进程往往也包括一些清零或置位的控制信号。

3) 主控组合进程

主控组合进程根据外部输入的控制信号和现态(current_state),确定下一状态(next_state)的取值内容,以及对外或对内部其他进程输出控制信号的内容。

4) 辅助进程

辅助进程用于配合状态机工作的组合、时序进程或配合状态机工作的其他时序进程。

在一般状态机的设计过程中,为了能获得可综合的、高效的 VHDL 状态机描述,建议使用枚举类数据类型来定义状态机的状态,并使用多进程方式来描述状态机的内部逻辑。例如,可使用两个进程来描述,一个进程描述时序逻辑,包括状态寄存器的工作和寄存器状态的输出,另一个进程描述组合逻辑,包括进程间状态值的传递逻辑以及状态转换值的输出。必要时还可以引入第三个进程完成其他的逻辑功能。

7.1.3 状态机的设计步骤

利用 VHDL 语言设计状态机,所有的状态可表示为 CASE-WHEN 结构中的一个 WHEN 子句,而状态的转换则通过 IF-THEN-ELSE 语句实现。基于 VHDL 语言的状态机设计步骤如下:

(1) 利用枚举型定义状态信号。

```
TYPE StateType IS(s0,s1,s2…);                    --枚举类型
SIGNAL present_state,next_state:StateType;        --现态和次态信号
```

(2) 建立状态机进程。

```
state_comb:PROCESS(present_state,din)             --状态转换进程
    BEGIN
    …
END PROCESS state_comb;
```

(3) 在进程中定义状态的转换。

在进程中使用 CASE-WHEN 语句,因状态 s0 是状态转换的起点,因此,把 s0 作为 CASE 语句中第一个 WHEN 子句项,然后利用 IF-THEN-ELSE 语句列出转移到次态的条件,即可写

出状态转换流程:

```
CASE present_state IS
  WHEN s0=>z<='0';
    IF din='1'then next_state<=s1;
      ELSE next_state<=s0;
    END IF;
  ...
END CASE;
```

7.2 NAND Flash 块擦除模块状态机设计

Flash 的编程原理只能将 1 写为 0, 不能将 0 写为 1。因此, 在 Flash 编程之前, 为了保证存储数据的正确性, 必须保证块内的所有字节变为 0xFF。而 Flash 擦除的过程就是把所有位都写为 1 的过程, 所以在 Flash 编程之前必须将对应的块进行擦除。在这个过程中, 要根据 Flash 擦除时序图进行操作, 可以采用状态机的方式进行 VHDL 设计。以 SAMSUNG 公司 K9F1G08 的 NAND Flash 为例, 采用 Moore 型状态机对 Flash 块擦除模块进行设计, Flash 块擦除时序图如图 7.3 所示。

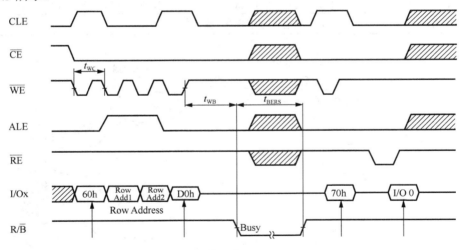

图 7.3 Flash 块擦除时序

根据图 7.3 给出的时序及命令要求, 当芯片进入擦除状态后:

① 命令锁存使能 CLE 为高, 在写信号 WE\的上升沿, 擦除操作的第一个周期命令 60h 锁存到命令寄存器, CLE 转为低状态;

② 地址锁存使能 ALE 为高, 在写信号 WE\的上升沿, 两个行地址依次锁存到地址寄存器;

③ 命令锁存使能 CLE 为高, 在写信号 WE\的上升沿, 擦除操作的第二个周期命令 D0h 锁存到命令寄存器, CLE 转为低状态;

④ 经过 t_{WB} 时间后, Flash 的准备/忙信号 R/B 拉低, Flash 转为"忙"状态;

⑤ 经过 t_{BERS} 时间后, R/B 拉高, 完成一块擦除, Flash 转为"准备"状态;

⑥ 命令锁存使能 CLE 为高, 在写信号 WE\的上升沿, 块擦除状态查询命令 70h 锁存到命

令寄存器，CLE 转为低状态，读信号 RE\出现上升沿时，I/O0 可判断擦除是否成功，若 I/O0 为 1 表示擦除失败，若 I/O0 为 0 表示擦除成功。

根据 Flash 擦除时序图进行操作，可将上述擦除过程分为 erase_idie,erase_initial,erase_comd1,erase_addr1,erase_addr2,erase_comd2,erase_delay1,erase_ready,erase_checkcomd,erase_delay2,erase_read 11 个状态，各状态定义见表 7-1，NAND Flash 块擦除模状态转移如图 7.4 所示。

表 7-1 擦除操作状态定义

	名 称	说 明
状态	erase_idie	空闲状态
	erase_initial	擦除初始化
	erase_comd1	发送擦除操作的第一个命令 60
	erase_addr1	发送擦除操作的第一个块地址
	erase_addr2	发送擦除操作的第二个块地址
	erase_comd2	发送擦除操作的第二个命令 D0
	erase_delay1	擦除延时，使 Flash 进入"忙"状态，延时时间必须大于 t_{WB}
	erase_ready	Flash 处于"忙"状态
	erase_checkcomd	发送擦除状态查询命令 70h
	erase_delay2	擦除延时，使 Flash 进入"读"状态，延时时间大于 100ns
	erase_read	产生读信号 rd 下降沿，输出擦除状态

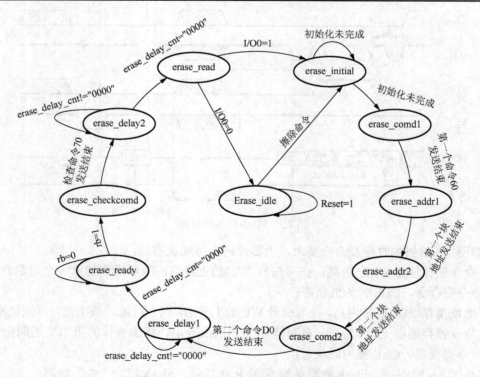

图 7.4 NAND Flash 块擦除模状态转移

状态机 VHDL 部分代码如下：

```vhdl
TYPE erase_state IS                                              --定义状态机
(erase_idie,erase_initial,erase_comd1,erase_addr1,erase_addr2,erase_comd2,
rase_delay1,erase_ready,erase_checkcomd,erase_delay2,erase_read);
SIGNAL current_state, next_state:erase_state;
...
PROCESS(f_we,reset)                                              --时序逻辑进程
BEGIN
    IF(reset='1') THEN
        current_state<=erase_idie;
        ELSIF(f_we'event and f_we='1')THEN
          current_state<=next_state;
    END IF;
END PROCESS;
PROCESS(current_state,erase_en,initial_finish,erase_delay_cnt)   --状态转换进程
BEGIN
  CASE current_state IS
     when erase_idie=>
          if erase_en='1' then
              next_state<=erase_initial;
              ELSE
                next_state<=erase_idie;
           END IF;
     WHEN erase_initial=>
          IF initial_finish='1' THEN
              next_state<=erase_comd1;
              ELSE
                 next_state<=erase_initial;
           END IF;
     WHEN erase_comd1=>
              next_state<=erase_addr1;
     WHEN erase_addr1=>
              next_state<=erase_addr2;
     WHEN erase_addr2=>
           next_state<=erase_comd2;
     WHEN erase_comd2=>
              next_state<=erase_delay1;
                erase_delay_cnt<="1111";
     WHEN erase_delay1=>
          IF erase_delay_cnt="0000" THEN
              next_state<=erase_ready;
              ELSE
                erase_delay_cnt<=erase_delay_cnt-'1';
                 next_state<=erase_delay1;
            END IF;
     WHEN erase_ready=>
          IF f_rb='1' THEN
              next_state<=erase_checkcomd;
              ELSE
                next_state<=erase_ready;
           END IF;
```

```
            WHEN erase_checkcomd=>
                    erase_delay_cnt<="0011";
                    next_state<=erase_delay2;
            WHEN erase_delay2=>
                IF erase_delay_cnt="0000" THEN
                    next_state<=erase_read;
                ELSE
                    erase_delay_cnt<=erase_delay_cnt-'1';
                    next_state<=erase_delay2;
                END IF;
            WHEN erase_read=>
                IF f_data(0)='0' THEN
                    next_state<=erase_idie;
                ELSE
                    next_state<=erase_initial;;
                END IF;
            WHEN others=> next_state<=erase_idie;
        END CASE;
END PROCESS;
PROCESS(current_state)                              --组合逻辑进程
BEGIN
        CASE current_state IS
            WHEN erase_idie=>
                ......
            WHEN erase_initial=>
                ......
            WHEN erase_comd1=>                      --发送第一个命令60h
                ......
            WHEN erase_addr1=>                      --发送第一个块地址
                ......
            WHEN erase_addr2=>                      --发送第二个块地址
                ......
            WHEN erase_comd2=>                      --发送第二个命令D0h
                ......
            WHEN erase_checkcomd=>                  --发送擦除状态查询第命令70h
        END CASE;
    END PROCESS;
```

将上述代码在Quartus II软件中进行编译，编译后的RTL级视图如图7.5所示。

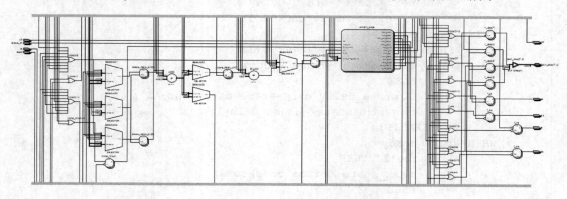

图7.5 编译后的RTL级视图

采用 Modelsim 软件对上述代码进行功能仿真，添加相应的激励信号后，仿真结果波形如图 7.6 所示，当复位信号 reset 拉低（低有效），擦除信号 erase_en 拉高（高有效）后，Flash 开始执行擦除操作，程序按照状态机的转移图依次执行，并满足 Flash 擦除的时序要求。

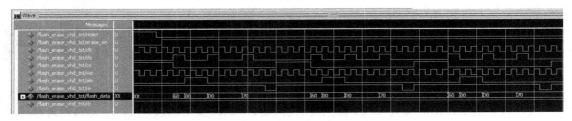

图 7.6　仿真结果波形图

习　题

7-1　什么是有限状态机？常用的有限状态机的种类有哪些？

7-2　假设某状态机由四个状态组成，分别为 st0、st1、st2、st3，请分别使用顺序码、格雷码、独热码的编码形式描述上述状态。

7-3　请简单叙述基于 VHDL 语言的状态机设计步骤。

7-4　在图 7.7 中，rst 为输入复位信号，cond 为输入条件信号，result 为输出结果信号，S0～S3 为四个状态，请采用 VHDL 语言编写完整的状态机代码。

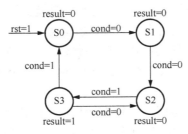

图 7.7　习题 4

第 8 章 A/D 控制模块的 VHDL 设计与实现

随着数字电子技术的飞速发展，特别是计算机技术的发展与普及，用数字电路处理模拟信号的应用在自动控制、通信以及检测等许多领域越来越广泛。自然界中存在的大多是连续变化的物理量，如温度、时间、速度、流量、压力等。要用数字电路特别是用计算机来处理这些物理量，必须先把这些模拟量转换成计算机能够识别的数字量，经过计算机分析和处理后的数字量又需要转换成相应的模拟量，才能实现对受控对象的有效控制，这就需要一种能在模拟量与数字量之间起桥梁作用的电路——模数和数模转换电路。模数转换器即 A/D 转换器，通常是指一个将模拟信号转变为数字信号的电子元件。

8.1 A/D 概述

通常的模数转换器是将一个输入电压信号转换为一个输出的数字信号。由于数字信号本身不具有实际意义，仅仅表示一个相对大小。故任何一个模数转换器都需要一个参考模拟量作为转换的标准，比较常见的参考标准为最大的可转换信号大小。而输出的数字量则表示输入信号相对于参考信号的大小。A/D 转换器的作用就是将输入的模拟量转换成与其成比例的数字量，实质上，A/D 转换器是模拟系统到数字系统的接口电路。一个完整的模数转换过程必须包括采样→保持→量化→编码四个部分。

能将模拟量转换成数字量的电路称为模数转换器（简称 A/D 转换器）；能将数字量转换为模拟量的电路称为数模转换器（简称 D/A 转换器）。A/D 和 D/A 转换器是数字控制系统中不可缺少的组成部分，是用计算机实现工业过程控制的重要接口电路。

1. 原理概述

模拟数字转换器的分辨率是指，对于允许范围内的模拟信号，它能输出离散数字信号值的个数。这些信号值通常采用二进制数进行存储，因此分辨率经常用比特作为单位，且这些离散值的个数都是 2 的幂指数。例如，一个具有 8 位分辨率的模拟数字转换器可以将模拟信号编码成 256 个不同的离散值（因为 $2^8=256$），从 0 到 255（即无符号整数）或从 -128 到 127（即带符号整数），根据具体的应用选择不同离散值。

分辨率也可以用电气性质来描述，单位为伏特。输出离散信号产生一个变化所需的最小输入电压的差值被称为最低有效位（Least Significant Bit, LSB）电压。这样，模拟数字转换器的分辨率 Q 等于 LSB 电压。模拟数字转换器的电压分辨率等于它总的电压测量范围除以离散电压间隔数：

$$Q = \frac{E_{ESR}}{N}$$

式中，N 是离散电压间隔数。

$$E_{ESR} = V_{RefHi} - V_{RefLow}$$

式中，E_{ESR} 代表满量程电压范围，即是总的电压测量范围，即输入参考高电压与输入参考低电压的差值。

式中，V_{RefHi} 和 V_{RefLow} 是转换过程允许电压的上下限。

$$Q = \frac{E_{ESR}}{2^M}$$

正常情况下，电压间隔数 $N=2^M$，M 为 A/D 模块的精度的位数。

2. 响应类型

大多数模拟数字转换器的响应类型为线性，这里的"线性"是指输出信号的大小与输入信号的大小成线性比例。

一些早期的转换器的响应类型呈对数关系，由此来执行 A-law 算法或 μ-law 算法编码。

3. 误差

模拟数字转换器的误差有若干种来源。量化错误和非线性误差（假设这个模拟数字转换器标称具有线性特征）是任何模拟数字转换中都存在的内在误差。也有一种被称为孔径错误（Aperture Error），它是由于时钟的不良振荡，且常常是在时域信号数字化的过程中出现的。

这种误差通常采用一个称为"最低有效位"的参数来衡量。

4. 采样率

模拟信号在时域上是连续的，因此可以将它转换为时间上连续的一系列数字信号。这样就要求定义一个参数来表示新的数字信号采样自模拟信号的速率。这个速率称为转换器的采样率或采样频率。

可以采集连续变化、带宽受限的信号（即每隔一个时间测量并存储一个信号值），然后可以通过插值将转换后的离散信号还原为原始信号。这一过程的精确度受量化误差的限制。然而，仅当采样率比信号频率的两倍还高的情况下才可能达到对原始信号的真实还原，这一规律在采样定理才有所体现。

由于实际使用的模拟数字转换器不能进行完全实时的转换，因此在对输入信号进行一次转换的过程中，必须通过一些外加方法使之保持恒定。常用的有采样-保持电路，在大多数的情况下，通过使用一个电容器可以存储输入的模拟电压，并通过开关或门电路来闭合、断开这个电容和输入信号的连接。许多模拟数字转换集成电路在内部就已经包含了这样的采样-保持子系统。

5. 混叠

所有的模拟数字转换器都以每隔一定时间进行采样的形式进行工作。因此，它们的输出信号只是对输入信号行为的不完全描述。在某一次采样和下一次采样之间的时间段内，仅仅根据输出信号，是无法得知输入信号形式的。如果输入信号以比采样率低的速率变化，那么可以假定这两次采样之间的信号值等于这两次采样得到的信号值的平均值。然而，如果输入信号改变过快,则这样的假设是错误的。

如果模拟数字转换器产生的信号在系统的后期,通过数字模拟转换器,则输出信号可以真实地反映原始信号。如经过输入信号的变化率比采样率大得多,则是另一种情况,模拟数字转换器输出的这种"假"信号被称为"混叠"。混叠信号的频率为信号频率和采样率的差。例如,一个 2 千赫兹的正弦曲线信号在 1.5 千赫兹采样率的转换后,会被重建为 500 赫兹的正弦曲线信号。这样的问题被称为"混叠"。

为了避免混叠现象,模拟数字转换器的输入信号必须通过低通滤波器进行滤波处理,过滤掉频率高于采样率一半的信号。这样的滤波器也被称为反锯齿滤波器。它在实用的模拟数字转换系统中十分重要,常在混有高频信号的模拟信号的转换过程中应用。

8.2 采 样 定 理

采样定理:采样过程所应遵循的规律,又称为取样定理、抽样定理。

采样定理是指在进行模拟/数字信号的转换过程中,当采样频率 fs.max 大于信号中最高频率 fmax 的 2 倍时,即 fs.max>=2fmax,则采样之后的数字信号完整地保留了原始信号中的信息,一般实际应用中保证采样频率为信号最高频率的 5~10 倍,采样定理又称为奈奎斯特定理。

1924 年奈奎斯特(Nyquist)就推导出了在理想低通信道的最大码元传输速率的公式:理想低通信道的最大码元传输速率=$2W*\log_2 N$(其中 W 是理想低通信道的带宽,N 是电平强度)。

采样定理说明采样频率与信号频谱之间的关系,是连续信号离散化的基本依据;采样定理有许多表述形式,但最基本的表述方式是时域采样定理和频域采样定理;采样定理在数字式遥测系统、时分制遥测系统、信息处理、数字通信和采样控制理论等领域得到了广泛的应用。

8.2.1 时域采样定理

时域采样定理的两种描述:

(1)频带为 F 的连续信号 $f(t)$ 可用一系列离散的采样值 $f(t_1)$, $f(t_1\pm\Delta t)$, $f(t_1\pm 2\Delta t)$,…来表示,只要这些采样点的时间间隔 $\Delta t \leq 1/2F$,便可根据各采样值完全恢复原来的信号 $f(t)$。

(2)当时间信号函数 $f(t)$ 的最高频率分量为 f_M 时,$f(t)$ 的值可由一系列采样间隔小于或等于 $1/2f_M$ 的采样值来确定,即采样点的重复频率 $f \geq 2f_M$。模拟信号和采样样本的示意如图 8.1 所示。

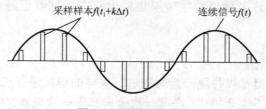

图 8.1 采样定理示意

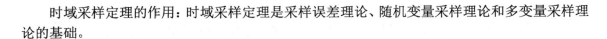

时域采样定理的作用：时域采样定理是采样误差理论、随机变量采样理论和多变量采样理论的基础。

8.2.2 频域采样定理

对于时间上受限制的连续信号 $f(t)$（即当 $|t|>T$ 时，$f(t)=0$，这里 $T=T_2-T_1$ 是信号的持续时间），若其频谱为 $F(\omega)$，则可在频域上用一系列离散的采样值表示，并且这些采样点的频率间隔满足 π/t_m。

8.3 并行 A/D

并行 A/D 的速度快，常用的有 A/D 公司的 AD7492、AD7484、AD7606、AD7607、AD7656、AD7657、AD7658；美国半导体公司的 AD0809；MAXIM 公司的 max1324、max11046。

8.3.1 典型并行 A/D——AD7492 概述

AD7492 是 ANALOG DEVICES（模拟器件公司）生产的 12 位并行输出 A/D 转换器，它具有 1MSPS 的高数据通过率和低功耗、无管线延时以及可变数字接口等特点。它是逐次逼近式 A/D 转换器，可在 2.7~5.25V 的电压下工作。它内含一个低噪声、宽频带的跟踪/保持放大器，可以处理高达 10MHz 的宽频信号。

AD7492 很容易与微处理器或 DSP 接口。输入信号从 CONVST 的下降沿开始被采样，转换也从此点启动。忙信号线在转换起始时为高电平，810ns 后跳变为低电平以表示转换结束。没有与此过程相关的管线延时。转换结果是借助于标准 CS 和 RD 信号从一个高速并行接口存取的。

AD7492 采用先进的技术来获得高数据通过率下的低功耗。在 5V 电压下，速度为 1MSPS 时，平均电流仅为 1.72mA；它还可对可变电压/数据通过率进行管理。在 5V 供电电压和 500kSPS 数据通过率下的消耗电流为 1.24mA。

AD7492 具有全部休眠和部分休眠两种模式，采用休眠模式可以在低数据通过率时实现低功率。在 5V 电压时，若速度为 100kSPS，则平均电流为 230μA。AD7492 的模拟输入范围为 0~REF IN。另外，该器件内部还可提供 2.5V 参考电压，同时，该参考也对外部有效。器件的转换速度由内部时钟决定。AD7492 的主要特性如下：

（1）额定电压 VDD 为 2.7~5.25V。

（2）高数据通过率：数据通过率为 1MSPS。

（3）功耗低：在 5V 电压下，数据通过率为 1MSPS 时，功耗一般为 8.6mW。

（4）输入频带宽：100kHz 输入时，信噪比为 70dB。

（5）具有片内+2.5V 参考电压。

（6）具有片内时钟振荡器。

（7）具有可变电压/数据通过率管理功能，转换时间由内部时钟决定。有部分和全部两种休眠模式，采用休眠模式可在低数据通过率时使效能比达到最大。

（8）带有高速并行接口。
（9）具有柔性数字接口，通过设定 VDRIVE 引脚可控制 I/O 引脚上的电压。
（10）休眠模式的电流一般为 50nA。
（11）无管线延时。是一个标准的逐次逼近式 A/D 转换器，可在采样瞬间精确控制，采样瞬间借助于 CONVST\的输入和间隔停止转换来控制。
（12）外围元器件较少，可优化电路板空间。
（13）采用 24 引脚 SOIC 或 TSSOP 封装形式。

引脚介绍：

AD7492 共有 24 个引脚，其引脚的排列图如图 8.2 所示，每个引脚的功能如下所述：

CS\：片选引脚。在 CS\和 RD\下降沿之后，系统把转换结果放在数据总线上。由于 CS\和 RD\连接在输入端的同一个与门上，因此信号是可以互换的。

RD\：读信号输入端。通常连接到逻辑输入端，以读取转换结果。若数据总线总是处于工作状态，则在忙信号线变为低电平之前将新的转换结果送出去，在这种情况下 CS\和 RD\可通过硬件方式连至低电平。

CONVST\：启动转换输入信号端。跟踪/保持输入放大器在 CONVST\的下降沿处从跟踪状态转换为保持状态，同时启动转换过程。转换建立时间可短至 15ns。如果 CONVST\在转换持续期间处于低电平，且在转换结束时仍保持低电平，器件将自动进入休眠状态。休眠状态的类型由 PS/FS 引脚决定。若器件处于休眠状态，CONVST\的下一个上升沿将唤醒它。唤醒时间一般为 1μs。

PS/FS：休眠模式选择端。器件进入休眠状态时，此引脚决定休眠的类型。在部分休眠模式下，内部参考电路和振荡电路不断电，耗电大约为 200μV。在全部休眠模式下，所有模拟电路均断电，此时器件的功耗可以忽略不计。

BUSY：忙信号输出端。此引脚的逻辑输出表明器件所处的状态。在 CONVST\下降沿之后，忙信号变为高电平并在转换期间保持高电平。一旦转换结束，转换结果存入输出寄存器，忙线复位为低电平。在忙信号下降沿之前，跟踪/保持放大器转为跟踪状态，忙信号变为低电平以开始跟踪。在忙信号变低时，若 CONVST\输入仍为低电平，则器件在忙信号的下降沿自动进入休眠状态。

REF OUR：2.5V±1%，参考电压输出。

AVDD：模拟电源端。

DVDD：数字电源端，2.7～5.25V。用于给 AD7492 器件内除输出驱动电路和输入电路外的所有数字电路提供电源。

AGND：模拟地。

DGND：数字地，AGND 和 DGND 理论上应处于同一电位，即使在有瞬变电流时，其差值最大也不可超过 0.3V。

VIN：模拟输入端。单端模拟输入路线。输入范围为 0V～REF IN。此引脚为直流高阻抗。

VDRIVE：输出驱动电路和数字输入电路的供电电源为 2.7～5.25V。此电源电压决定数据输出引脚的高电平电压和数字输入的阈值电压。当数字输入和输出引脚阈值电压为 3V 时，VDRIVE 允许 AVDD 和 DVDD 在 5V 电压下工作（使 A/D 的动态性能最优）。

DB0～DB11：数字线 0～11 位，器件的并联数字输出。这是由 CS\和 RD\控制的三态输出。它们的输出高电平电压是由 VDRIVE 引脚决定的。

第 8 章 A/D 控制模块的 VHDL 设计与实现

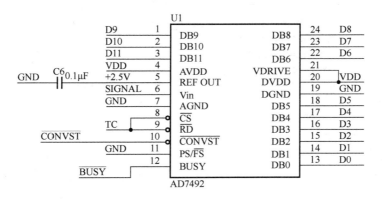

图 8.2 AD7492 引脚排列图

8.3.2 并行 A/D 控制命令

运用 CPLD 对并行 A/D（如 AD7492）进行控制转换并存储，控制模块主要是时钟分频模块，为 A/D 采样提供时钟，其原理如图 8.3 所示。

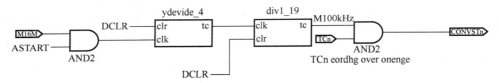

图 8.3 分频模块原理

下面这段程序的目的是将 clk 进行 4 分频后输出。首先 count_temp 在 clk 上升沿时，对 count_temp 0 到 1 计数，count_temp 为 0 时 tc 为 0，count_temp 为 1 时 tc 为 1，tc 的频率为 clk 的四分之一：

```
LIBRARY IEEE;
USE IEEE.STD_LOGIC_1164.ALL;
ENTITY ydevide_4 IS
   PORT(clr, clk: IN STD_LOGIC;
           tc: OUT STD_LOGIC);
END ydevide_4;
ARCHITECTURE y_dt OF ydevide_4 IS
      SIGNAL count: INTEGER RANGE 0 TO 2;
      SIGNAL count_temp: INTEGER RANGE 0 TO 1;
BEGIN
   PROCESS(clr,clk)
   BEGIN
   IF clr = '0' THEN
      count<=0;
      count_temp<=0;
      TC<='1';
   ELSIF clk'EVENT AND clk = '1' THEN
      count<=count+1;
      IF count=1 THEN
         count<=0;
```

--四分频，count_temp 为 0 时 tc 为 0，count_temp 为 1 时 tc 为 1，count_temp 在 clk 上升沿的时候取反，tc 的频率为 clk 的四分之一

```
            IF count_temp=0  THEN
                count_temp<=1;
                tc<='0';
            ELSE
                count_temp<=0;
                tc<='1';
            END IF;
          END IF;
        END IF;
    END PROCESS;
END y_dt;
```

如图 8.4 所示，clr 为 1 时，tc 的频率为 clk 的四分之一；下面这段程序输出了一个占空比为 9:1 的时钟信号 tc。用计数器 count 自加 1，计到 9 时清 0，当 count 为 9 时，tc 为 0，count 为 0 到 8 时，tc 为 1。

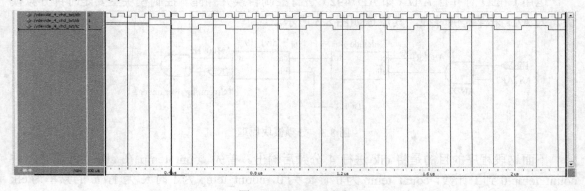

图 8.4 Multisim 仿真

```
LIBRARY IEEE;
  USE IEEE.STD_LOGIC_1164.ALL;
  USE IEEE.STD_LOGIC_UNSIGNED.ALL;
ENTITY div1_19 IS
  PORT(clk: IN STD_LOGIC;
       clr: IN STD_LOGIC;
        tc: OUT STD_LOGIC);
END div1_19;
ARCHITECTURE art OF div1_19 IS
  SIGNAL count: INTEGER RANGE 0 TO 32;
BEGIN
  PROCESS(clk,clr)
    BEGIN
      IF clr='0' THEN
        tc<='1';
        count<=0;
      ELSIF clk'event and clk='1' THEN
        IF count=9 THEN
          tc<='0';
```

```
        count<=0;
      ELSE
        tc<='1';
        count<=count+1;
      END IF;
    END IF;
  END PROCESS;
END art;
```

如图 8.5 所示，clr 为 1 时，tc 的占空比为 9:1。

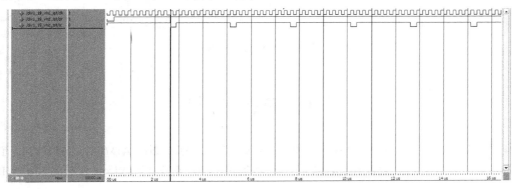

图 8.5 Multisim 仿真

下面这段程序对 clk 进行了二分频，具体实现方法是在 clk 的上升沿对 sel_mid 进行取反操作。

```
LIBRARY IEEE;
USE IEEE.STD_LOGIC_1164.ALL;
USE IEEE.STD_LOGIC_UNSIGNED.ALL;
ENTITY select_ch IS
PORT(clk: IN STD_LOGIC;
     clr: IN STD_LOGIC;
     sel: OUT STD_LOGIC);
  END select_ch;
ARCHITECTURE art OF select_ch IS
SIGNAL sel_mid:STD_LOGIC;
BEGIN
      PROCESS(clk,clr)
        BEGIN
          IF clr='0' THEN
            sel_mid<='0';
          ELSIF clk'event and clk='1' THEN
            sel_mid<=not sel_mid;
          END IF;
      END PROCESS;
        sel<=sel_mid;
END art;
```

clr 为 1 时，tc 的频率为 clk 的二分之一，如图 8.6 所示。

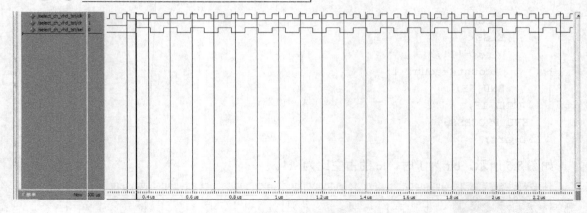

图 8.6 Multisim 仿真

8.4 串行 A/D

串行 A/D 的速度慢，常用的有 A/D 公司的 AD7714、AD5320、AD7657、AD7274；TI 公司的 TLC548、TLC549、TLV5616；美国半导体公司的 AD0832；Ramtron 公司的 FM25H20。

8.4.1 典型串行 A/D——AD7274 概述

AD7274 芯片是美国模拟公司生产的单通道、12 位、高速、低功耗、转换速率可达 3MSPS 的串行模数转换器。输入电压范围是 2.35～3.6 V，参考电压为 3.0 V 外部基准电压输入。其片选信号接 DSP 的帧同步信号 FSX，输入模拟信号在帧同步信号 FSX 的下降沿开始转换。转换的速率由串行输入时钟 SCLK 决定。串行数据传输信号接 DSP 的 BDRO，在 SCLK 的下降沿开始数据发送，从数据的最高位开始传送。AD7274 的时序如图 8.7 所示。

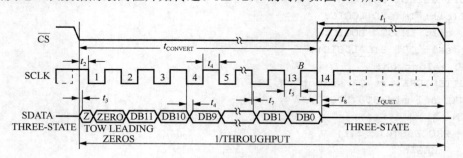

图 8.7 AD7274 的时序

引脚介绍：
AD7274 芯片共有 8 个引脚，其引脚的排列图如图 8.8 所示，每个引脚的功能如下所述。
VDD：电源输入端，其供电范围是 2.35～3.6V。
SDATA：信号输出引脚，从 AD7274 转换完的结果从该引脚以串行数据的方式输出，该位的时钟在 SCLK 的下降沿输入，从 AD7274 转换出来的数据中包括两位值为零的前导数据，末尾的两位也为零，其一共输出 12 位的数据。

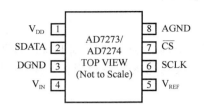

图 8.8　AD7274 引脚的排列

CS：片选信号，低电平逻辑输入，这种输入方式为 AD7274 提供转换和帧串行数据输出的双重功能。

AGND：模拟地，AD7274 所有电路的地面参考点、所有模拟信号和外部参考信号都应接至这个地上。

VREF：参考电压输入端，外部的参考电压应接至该管脚，其外部电压的输入范围是 1.4V～VDD，在该引脚和地之间应该介入一个 10μF 的电容。

SCLK：串行时钟，逻辑电平输入，SCLK 提供了访问数据的串行时钟，这个时钟也可作为数据转换的时钟源。

DGND：数字地，AD7274 中所有数字电路的参考点，模拟地和数字地应该保持在相同的电位，即使是在短暂的瞬间其偏差也不应超过 0.3V。

VIN：单端模拟输入通道，其输入的范围是 0～VREF。

8.4.2　串行 A/D 控制命令

运用 CPLD 对 AD7274 进行控制转换并存储，其实现的功能如下：为 A/D 采样和数据存储提供同步时序，为采样提供负延迟，为数字板和模拟板提供电源控制，通过串转并模块为负延迟提供判定条件以及为单片机与存储器提供通信通道和 SPI 通信时钟。其电路原理如图 8.9 所示，时序控制模块的 Multisim 仿真程序如下所述。

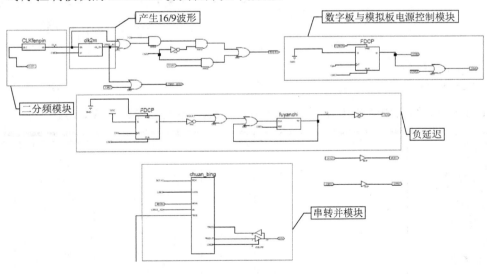

图 8.9　电路原理

1. 时序控制模块程序

功能：该程序利用 5 位二进制计数，从 01000 到 11000 这段时间为高电平，其他时间为低电平，从而实现产生 16/9 的时序波形为 A/D 采样提供时序。

```vhdl
LIBRARY IEEE;
USE IEEE.STD_LOGIC_1164.ALL;
USE IEEE.STD_LOGIC_ARITH.ALL;
USE IEEE.STD_LOGIC_UNSIGNED.ALL;
-- Uncomment the following lines to use the declarations that are
-- provided for instantiating Xilinx primitive components.
--LIBRARY UNISIM;
--USE UNISIM.VCOMPONENTS.ALL;
ENTITY clk2m IS
    PORT ( clk: IN STD_LOGIC;
           clr: IN STD_LOGIC;
         clk_2m: OUT STD_LOGIC );
END clk2m;
ARCHITECTURE Behavioral OF clk2m IS
    SIGNAL count_temp: STD_LOGIC_VECTOR(4 DOWNTO 0);
BEGIN
     PROCESS(clk,clr)
     BEGIN
      IF clr = '1' THEN
         count_temp <= "00001";
         clk_2m<= '0';
           ELSIF clk'event and clk='1' THEN
              IF count_temp>="11000" THEN
                    clk_2m<= '0';
                    count_temp<= "00001";
                 ELSE
                  IF count_temp(4)= '1' THEN
                      clk_2m<= '1';
                  END IF;
                     count_temp<= count_temp +'1'
              END IF;
           END IF;
    END PROCESS;
END Behavioral;
```

Multisim 仿真结果如图 8.10 所示，clr 为 0 时，clk_2m 的占空比为 8 : 14。

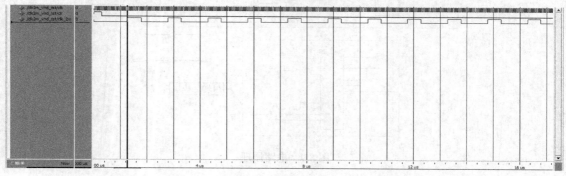

图 8.10 Multisim 仿真图

2. 串转并控制模块程序

功能：该程序将采集的串行信号转换为并行信号，为实现负延迟提供判定条件，同时可以作为单片机与存储器之间的通信通道。

```vhdl
LIBRARY IEEE;
USE IEEE.STD_LOGIC_1164.ALL;
USE IEEE.STD_LOGIC_ARITH.ALL;
USE IEEE.STD_LOGIC_UNSIGNED.ALL;
---- Uncomment the following library declaration if instantiating
---- any Xilinx primitives in this code.
--LIBRARY UNISIM;
--USE UNISIM.VComponents.ALL;
ENTITY chuan_bing IS
PORT ( SCK: IN STD_LOGIC;
        clk: IN STD_LOGIC;
       MOSI: IN STD_LOGIC;
       TRIG: OUT STD_LOGIC;
      TRXIN: IN STD_LOGIC;
     TRXOUT: INOUT STD_LOGIC:='0';
       LOCK: IN STD_LOGIC);
END chuan_bing;
ARCHITECTURE Behavioral OF chuan_bing IS
SIGNAL count: STD_LOGIC_VECTOR(15 DOWNTO 0);
SIGNAL q: STD_LOGIC_VECTOR(4 DOWNTO 0);
SIGNAL C: STD_LOGIC_VECTOR(7 DOWNTO 0);
BEGIN
PROCESS(SCK,trxin,trxout,clk,lock,MOSI)
      BEGIN
         IF LOCK='1' THEN
            count<="0000000000000000";
                 q<="00000";
                TRXOUT<=MOSI ;
--在clk=0的时候进行串并转换
          ELSIF clk='1' THEN
                 count<="0000000000000000";
                   q<="00000";
                 ELSIF  SCK'event and SCK='1'  THEN
--count依次左移一位，同时将TRXIN赋值给count
               count(15 downto 1)<=count(14 downto 0);
                  count(0)<=TRXIN;
--移动16次后赋值结束
                   q<=q+1;
                IF (q="01110")THEN
--将低8位赋给C
                C(7 downto 0)<=count(15 downto 8);
                 END IF;
           END IF;
    END PROCESS;
    PROCESS(LOCK,clk)
         BEGIN
           IF LOCK='1' THEN
```

```
                    TRIG<='0';
                ELSIF clk='0' and SCK'event and SCK='1' THEN
                    IF C(7 downto 3)>="01100" THEN
--300mV 的初值为 00111 01010W 为 600mV,800W
                    TRIG<='1';
                    END IF;
                END IF;
        END PROCESS;
END Behavioral;
```

串转并控制模块的 Multisim 仿真如图 8.11 所示,在 clk 为 1 时依次将 TRXIN 的值赋值给 count 的最低位,然后将 count 的最低位依次左移,左移 16 次之后将高 8 位赋值给 C。

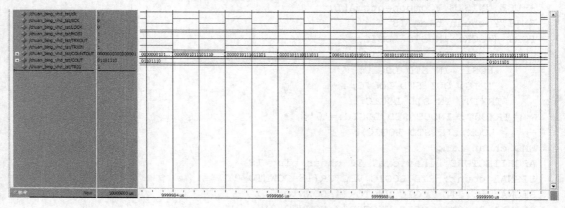

图 8.11 Multisim 仿真

当 C 的值大于 01100000 时,TRIG 为 1,判定触发,如图 8.12 所示。

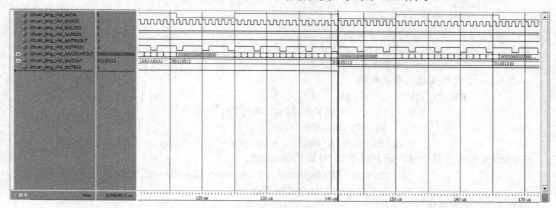

图 8.12 Multisim 仿真图

3. 晶振分频模块程序

功能:该程序通过计数器实现对外部晶振输入时钟二分频。

```
LIBRARY IEEE;
USE IEEE.STD_LOGIC_1164.ALL;
USE IEEE.STD_LOGIC_ARITH.ALL;
USE IEEE.STD_LOGIC_UNSIGNED.ALL;
---- Uncomment the following library declaration if instantiating
```

```
---- any Xilinx primitives in this code.
--LIBRARY UNISIM;
--USE UNISIM.VCOMPONENTS.ALL;
ENTITY CLKfenpin IS
  Port ( clk1: IN  STD_LOGIC;
         clk: BUFFER  STD_LOGIC);
END CLKfenpin;
ARCHITECTURE Behavioral of CLKfenpin IS
SIGNAL count1: INTEGER RANGE 0 TO 1;
BEGIN
PROCESS(clk)
     BEGIN
     If clk1'event and  clk1='1'  THEN
          IF count1=1 THEN
     count1<=0;
     clk<='1';
          ELSE
     count1<=count1+1;
     clk<='0';
         END IF;
         END IF;
END PROCESS;
END Behavioral;
```

4. 负延迟模块程序

负延迟模块用计数的方式产生，负延迟的长度是计数器计到最高三位都为 1 的时间，其 Multisim 仿真结果如图 8.13 所示。

```
LIBRARY IEEE;
USE IEEE.STD_LOGIC_1164.ALL;
USE IEEE.STD_LOGIC_ARITH.ALL;
USE IEEE.STD_LOGIC_UNSIGNED.ALL;

-- Uncomment the following lines to use the declarations that are
-- provided for instantiating Xilinx primitive components.
--LIBRARY UNISIM;
--USE UNISIM.VCOMPONENTS.ALL;

ENTITY fuyanchi IS
    PORT ( CLK: IN STD_LOGIC;
           RST: IN STD_LOGIC;
            TC: OUT STD_LOGIC
         );
END fuyanchi;
ARCHITECTURE Behavioral OF fuyanchi IS
SIGNAL q: STD_LOGIC_VECTOR(17 DOWNTO 0);
BEGIN
PROCESS(clk,rst)
BEGIN
    IF rst='1' THEN
         q<="000000000000000000";
```

```
            ELSIF  clk'event and clk='0'  THEN
                                q<=q+1;
                END IF;
    END PROCESS;
         tc<= q(17) and q(16) and q(15) ;
    END Behavioral;
```

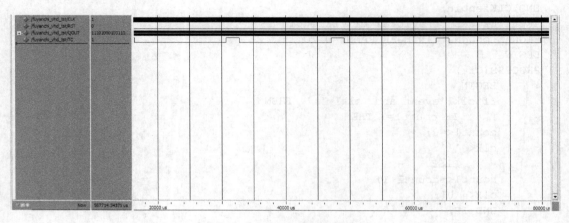

图 8.13 Multisim 仿真图

当 q 的高 3 位的值均为 1 时，tc 拉高，其余情况 tc 为低，如图 8.14 所示。

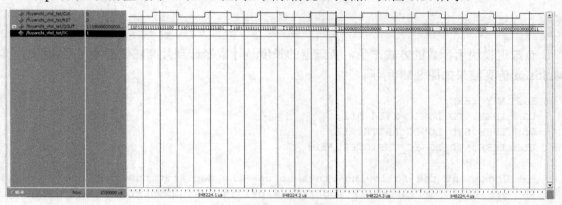

图 8.14 Multisim 仿真图

习 题

8-1 简述 A/D 转换的含义。
8-2 简述采样定理的内容并用公式表述，若不符合此定理，则会出现什么现象？
8-3 设计 A/D 转换接口电路时应注意哪些问题？
8-4 试设计一段 VHDL 程序，其功能是将 1MHz 信号十分频作为 A/D 采样时钟。
8-5 解释以下语句的功能。

```
PROCESS(clk,clr)
     BEGIN
```

```
        IF clr='0' THEN
          tc<='1';
          count<=0;
       ELSIF clk'event and clk='1' THEN
         IF count=9 THEN
           tc<='0';
           count<=0;
         ELSE
           tc<='1';
           count<=count+1;
         END IF;
      END IF;
END PROCESS;
```

第9章 存储器控制模块的VHDL设计与实现

存储器的主要功能是存储程序和各种数据,并能在计算机运行过程中高速、自动地完成程序或数据的存取,它根据控制器指定的位置存入和取出信息。在存储测试系统中,存储器是关键器件,采集、处理数据后的数据都保存在存储器中,是试验成功的保障。

9.1 存储器分类及使用特点

传统存储器通常分为两大类:一类为易失存储器(Volatile Memory),如SRAM、DRAM存储器,拥有高性能、存取速度快和无限次的写入次数及易用等优点,但在没有连接电源的情况下都不能保存数据。因此,通常将其作为临时数据保存、交换区。如果断电后这些数据仍需保留,那就必须提供后备电池。另一类为非易失存储器(Non-volatile Memory),如Flash存储器,能在断电后保存数据。因此,通常将其作为程序、表格及常数区,但这种存储器都有写入速度慢、写入次数有限和使用功耗大等缺点。

9.1.1 SRAM存储器

SRAM是英文Static RAM的缩写,即静态随机存储器。它是一种具有静止存取功能的内存,以双稳态电路作为存储单元不需要刷新电路即能保存它内部存储的数据。而DRAM(Dynamic Random Access Memory)每隔一段时间,要刷新充电一次;否则,内部的数据就会消失。因此,SRAM具有速度快、不必配合内存刷新电路、可提高整体的工作效率的优点。但是SRAM也有它的缺点,即集成度低、掉电不保存数据、功耗较大、相同容量体积较大、价格较高,少量用于关键性系统以提高效率。基本的SRAM的架构如图9.1所示,SRAM主要由以下几个模块组成:存储单元阵列(Core cells Array),行/列地址译码器(Decode),控制电路(Control Circuit),缓冲/驱动电路(FIFO)。

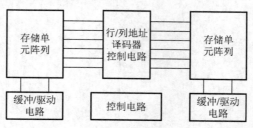

图9.1 SRAM的架构

9.1.2 Flash 存储器

Flash 闪存的英文名称是"Flash Memory",一般简称为"Flash",它属于内存器件的一种,是一种非易失性(Non-Volatile)内存。在没有电流供应的条件下也能够长久地保持数据,其存储特性相当于硬盘,兼有 RAM 和 ROM 的优点,可在系统(In-System)进行电擦写,掉电后信息不丢失,同时它具有高集成度和低成本的优势。这些特性正是闪存得以成为各类便携型数字设备存储介质的基础。Flash 闪存可以对存储器单元块进行擦写和再编程。任何 Flash 器件的写入操作只能在空或已擦除的单元内进行,所以大多数情况下,在进行写入操作必须先执行擦除操作。

9.1.3 铁电存储器

铁电存储器(Ferroelectric Non-volatile Memory,FRAM)就是利用铁电晶体材料这一特性制作的,FRAM 利用铁电晶体的铁电效应实现数据存储。铁电存储器不需要定时刷新,断电情况下能保存数据不变。由于在整个物理过程中没有任何原子碰撞,铁电存储器拥有高速读/写、超低功耗和无限次写入等特性。铁电存储产品同时拥有随机存储器(RAM)和非易失性存储器(Flash)的特性。FRAM 的特点是速度快,能够像 RAM 一样操作,读/写功耗极低,不存在如 E^2PROM 的最大写入次数的问题。

9.2 SRAM 存储器及其控制

SRAM 是一种静态随机存储器。它的存储电路由 MOS 管触发器构成,用触发器的导通和截止状态来表示信息 0 或 1,其特点是速度快、工作稳定、不需要刷新电路、使用方便灵活,但由于它所用 MOS 管较多,致使集成度低、功耗较大、成本高。在微机系统中,SRAM 常用做小容量的高速缓冲存储器。

由于铁电存储器的读/写操作与 SRAM 的基本相同,故以 SRAM 为例介绍存储器的存储控制方法及 VHDL 设计。

9.2.1 SRAM 基本结构

IS61LV25616 是一款 SRAM 存储器,此芯片采用高性能 CMOS 技术,以 3.3V 单电源供电,存储容量为 256K×16bit,其基本的结构如图 9.2 所示。

此芯片引脚定义见表 9-1。

其中,WE\写使能;OE\:输出使能;LB\:低字节使能控制;HB\高字节使能控制;CE\:芯片片选。

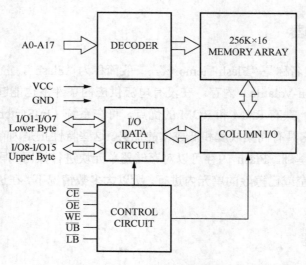

图 9.2 IS61LV25616 的基本结构

表 9-1 IS61LV25616 引脚说明

引脚名称	引脚说明	引脚名称	引脚说明
A0~A17	Address Inputs	$\overline{LB}$	Lower-byte Control (I/O0~I/O7)
I/O0~I/O15	Data Inputs/Outputs	$\overline{UB}$	Upper-byte Control (I/O8~I/O15)
$\overline{CE}$	Chip Enable Input	NC	No Connection
$\overline{OE}$	Output Enable Input	Vcc	Power
$\overline{WE}$	Write Enable Input	GND	Ground

此类 SRAM 存储器的基本控制方法相同，但容量有所不同，可以根据具体需要进行选择。IS61LV25616 的控制命令主要包括以下几个：

（1）使能控制。CE\是芯片的片选使能，当 CE\为低电平时，芯片使能有效，才可以对芯片进行下一步的操作，当 CE\为高电平时，使能无效，不能对芯片进行任何操作。

（2）地址控制。A0~A17 为存储器的 18 位地址端口，I/O0~I/O15 为存储器的 16 位数据端口。A0~A17 一般与逻辑控制电路连接，在控制电路地址控制模块的作用下，给 SRAM 不断地推进地址，从而将 I/O0~I/O15 口的数据存储或者将存储器中的数据读出。

（3）读/写控制。OE\是输出使能控制端，WE\是写入数据使能控制端，在使能信号有效的前提下，当 OE\为低电平时，在地址控制模块的控制下将 SRAM 里的数据全部读出；当 OE\为高电平时，不能对该存储器进行读操作。

同理当 WE\为低电平时，在地址控制模块的控制下将数据写入到 SRAM 中；当 WE\为高电平时，不能对 SRAM 进行写操作。为了方便控制，WE\一般与前端的 ADC 的读使能或者信号的输出使能端连在一起。

9.2.2 SRAM 基本操作与 VHDL 设计

1. 地址推进（counter18）的 VHDL 设计

通过地址推进，保证 ADC 转换完成的数据依次写入存储单元，对于存储测试，地址一般是递增变化。以下是地址推进的一个例子，其中，clk 是时钟信号，控制地址推进的频率，与 ADC 采样时钟一致；rst 为复位信号；q 是 SRAM 的地址。

```
LIBRARY IEEE;
USE IEEE.STD_LOGIC_1164.ALL;
USE IEEE.STD_LOGIC_ARITH.ALL;
USE IEEE.STD_LOGIC_UNSIGNED.ALL;
ENTITY counter18 IS
    PORT (clk: IN STD_LOGIC;
          rst: IN STD_LOGIC;
            q: OUT STD_LOGIC_VECTOR(17 DOWNTO 0) );
END counter18;
ARCHITECTURE Behavioral OF counter18 IS
  SIGNAL count: STD_LOGIC_vector(17 downto 0);
BEGIN
    PROCESS(clk, rst)
    BEGIN
       IF rst='1'THEN
           count<="000000000000000000";
        ELSIF clk'event and clk='0' THEN
            count<=count+1;
         END IF;
    END PROCESS;
      q<=count;
END Behavioral;
```

运行程序当 rst 为高电平时，counter 有了初始值 000000000000000000；当 rst 为低电平时，counter 开始自加，行使计数器功能。图 9.3 所示为地址推进的工作仿真。

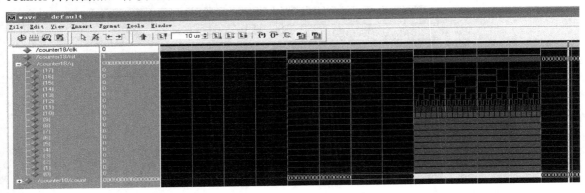

图 9.3 counter18 仿真

2. 读/写控制的 VHDL 设计

IS61LV25616DE 的读时序要求如图 9.4 所示：

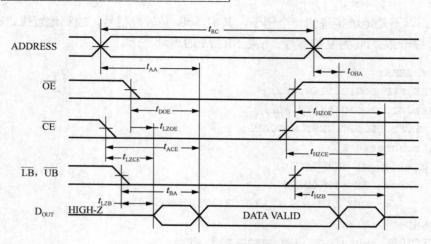

图 9.4　IS61LV25616 读时序图分析 2

根据真值表，读操作过程中 WE\ 信号为高，CE\、OE\、LB\、UB\ 均为高时读取高低位数据。CE\ 下降沿到来时，LB\、UB\ 拉低，高低位数据做好准备。OE\ 下降沿到来时，OE\ 拉低，开始读操作，输出数据。

IS61LV25616 的写操作（图 9.5）与 OE\ 信号无关。WE\ 写使能、CE\ 芯片片选信号为低，LB\、UB\ 最少有一个信号为低。由上面的时序分析显示，SRAM 不需要时钟信号参与控制；同时，可以按字节高低顺序操作。

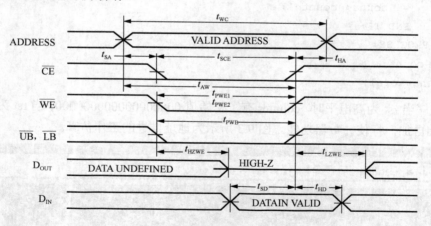

图 9.5　IS61LV25616 写时序

根据上面的时序，可以设计基于 VHDL 的 SRAM 读/写控制程序如下：

```
LIBRARY IEEE;
USE IEEE.STD_LOGIC_UNSIGNED.ALL;
USE IEEE.STD_LOGIC_ARITH.ALL;
USE IEEE.STD_LOGIC_1164.ALL;
ENTITY sram IS
  PORT(sysclk:IN STD_LOGIC;
    WE:OUT STD_LOGIC;           --写使能
    OE:OUT STD_LOGIC;           --输出使能
    LB:OUT STD_LOGIC;           --低字节使能
    HB:OUT STD_LOGIC;           --高字节使能
```

```vhdl
        CE:OUT STD_LOGIC;                              --芯片片选
        A1:OUT STD_LOGIC;
        A0:OUT STD_LOGIC;
        data:INOUT STD_LOGIC_VECTOR(15 DOWNTO 0);
        address:OUT STD_LOGIC_VECTOR(17 DOWNTO 0);
        datatemp:OUT STD_LOGIC_VECTOR(15 DOWNTO 0));
END sram;
ARCHITECTURE tc1 OF sram IS
TYPE STATE IS(prepare,transmit_write_address,transmit_data,write_data,
              transmit_read_address,read_data,stop);
  SIGNAL current_state:STATE;
  SIGNAL clk:STD_LOGIC;
 BEGIN
  A1<='0';
  A0<='0';
PROCESS(sysclk)                                        --定义时钟周期
VARIABLE count:INTEGER RANGE 0 TO 10;
     BEGIN
      IF(sysclk'event and sysclk='1')THEN
         count:=count+1;
         IF(count=5)THEN clk<='1';
         ELSIF (count=10) THEN
         clk<='0';
         count:=0;
           END IF;
      END IF;
 END PROCESS;

PROCESS(clk)
    VARIABLE count1:INTEGER RANGE 0 TO 100;
     BEGIN
      IF(clk'event and clk='1')THEN
       CASE current_state IS
      WHEN prepare=>count1:=count1+1;OE<='0';CE<='0';  --初始准备状态
         IF(count1=50)THEN
current_state<=transmit_write_address;
count1:=0;
         ELSE current_state<=prepare;
          END IF;
      WHEN transmit_write_address=>count1:=count1+1;   --准备好写地址
address<="000000000000000000";
         IF(count1=10)THEN
current_state<=write_data;count1:=0;
          ELSE current_state<=transmit_write_address;
           END IF;
       WHEN write_data=>data<="1111110000000000";
```

```vhdl
            count1:=count1+1;                       --写入数据
        IF(count1<3)THEN WE<='1';LB<='1';HB<='1';
                ELSIF(count1<10)THEN WE<='0';LB<='0';HB<='0';
        ELSIF(count1=11)THEN
                    WE<='1';LB<='1';HB<='1';
        current_state<=transmit_read_address;
                    count1:=0;
                END IF;
            WHEN transmit_read_address=>address<="0000000000000000";
                                                    --准备好读地址
        count1:=count1+1;
                if(count1=2)then
        current_state<=read_data;count1:=0;
        data<="ZZZZZZZZZZZZZZZZ";                   --数据输出为高阻态
        WE<='1';LB<='0';HB<='0';
                END IF;
            WHEN read_data=>count1:=count1+1;       --读数据
                IF(count1=2)THEN datatemp<=data;
        current_state<=stop;
                ELSE current_state<=read_data;
                END IF;
            WHEN stop=>NULL;                        --结束操作
    WHEN OTHERS=>NULL;
        END CASE;
        END IF;
            END PROCESS;
    END tcl;
```

9.3 Flash 存储器概述

Flash 在系统中通常用于存放程序代码、常量表以及一些在系统掉电后需要保存的用户数据等，也常应用于存储测试技术的数据存储。常用的 Flash 为 8 位或 16 位的数据宽度，编程电压为 3.3V。主要的生产厂商为 INTEL、ATMEL、AMD、HYUNDAI 等。

Flash 技术根据不同的应用场合分为不同的发展方向，有擅长存储代码的 NOR Flash 和擅长存储数据的 NAND Flash。NOR Flash 的特点是芯片内执行，这样应用程序可以直接在 Flash 闪存内运行，不必再把代码读到系统 RAM 中。NOR Flash 的传输效率很高，在 1～4MB 的小容量时具有很高的成本效益，但是很低的写入和擦除速度就会大大影响它的性能。NAND Flash 结构能提供极高的单元密度，可以达到高存储密度，并且写入和擦除的速度也很快。

9.3.1 Flash 的基本结构

以 SAMSUNG 公司 K9F1G08 的 NAND Flash 为例介绍其基本结构和操作。NAND-Flash 存储器由 block（块）构成，block 的基本单元是 page（页）。该芯片的容量为 128M×8Bit，共 1024 块，每块包括 64 页，每页容量为 2KB。K9F1G08 功能结构图如图 9.19 所示。

第 9 章 存储器控制模块的 VHDL 设计与实现

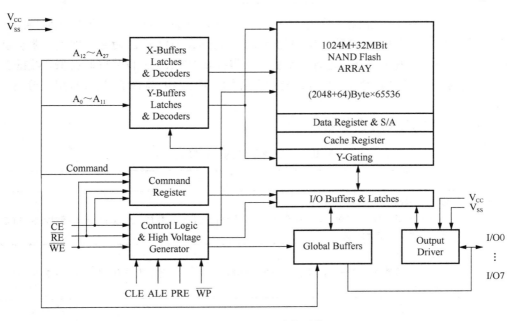

图 9.6　K9F1G08 功能结构

在图 9.6 中各方框的作用如下。

① X-Buffers Latches & Decoders：用于行地址

② Y-Buffers Latches & Decoders：用于列地址

③ Command Register：用于命令字

④ Control Logic & High Voltage Generator：控制逻辑及产生 Flash 所需高压

⑤ Nand Flash Array：存储部件

⑥ Data Register & S/A：数据寄存器，读、写页时，数据存放此寄存器中

⑦ Y-Gating：列地址选通

⑧ I/O Buffers & Latches：I/O 缓存和锁存

⑨ Global Buffers：全局缓存器

⑩ Output Driver：输出驱动

NAND Flash 存储单元组织结构如图 9.7 所示。

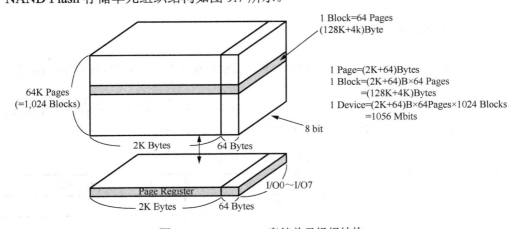

图 9.7　NAND Flash 存储单元组织结构

K9F1G08 容量为 1056Mbit，分为 65 536 行（页）、2 112 列，每一页大小为 2KB，另加 64 字节的额外空间，这 64 字节额外空间的列地址为 2048-2111 列。命令、地址、数据都通过 IO0～IO7 输入/输出，写入命令、地址或数据时，需要将 WE\、CE\信号同时拉低，数据在 WE\ 信号的上升沿被 NAND FLash 锁存；命令锁存信号 CLE、地址锁存信号 ALE 用来分辨、锁存命令或地址。

表 9-2 为 K9F1G08 的引脚描述。

表 9-2　K9F1G08 的引脚描述

引脚名称	引脚功能
I/O0～I/O7	数据输入/输出 这些 I/O 引脚用来输入命令，地址和数据，以及通过读操作输出数据。当芯片未被选择时，这些 I/O 引脚浮置成高阻态，输出无效
CLE	命令锁存使能 CLE 控制命令输入到命令寄存器中。当 CLE 为高时，在 $\overline{WE}$ 信号的上升沿，命令通过 I/O 接口锁存到命令寄存器中
ALE	地址锁存使能 ALE 控制地址输入到内部地址寄存器中。当 ALE 为高时，在 $\overline{WE}$ 信号的上升沿，命令通过 I/O 接口锁存到命令寄存器中
$\overline{CE}$	芯片使能信号 片选信号控制芯片是否被选中。当芯片处于忙状态，$\overline{CE}$ 为高被忽略，并且芯片不会回到 stand by 状态
$\overline{RE}$	读使能 $\overline{RE}$ 为串行数据输出控制，当它处在活动状态时，则数据驱动至 I/O 总线上。数据在 $\overline{RE}$ 的下降沿过后的 t_{REA} 时间后有效，并且内部列地址计数器自动加 1
$\overline{WE}$	写使能 $\overline{WE}$ 控制向 I/O 接口写入。命令、地址和数据在 $\overline{WE}$ 的上升沿锁存
WP	写保护 WP 引脚在电源切换期间提供无意的写/擦除保护。当 WP 为低时，内置高电压发生器复位
R/B	准备/忙输出 R/B 输出操作的状态。当为低电平时，处于编程状态，表示擦除或随机读操作正在进行，并在完成后转变为高电平状态。它是一个开路集电极输出，当器件未被选择或输出无效时，它不会浮置成高阻态

9.3.2 NAND Flash 访问方法

对 NAND Flash 的操作，一般先传输命令，然后传输地址，最后读/写数据，这期间要检查 Flash 的状态。

仍然以 K9F1G08 为例，此芯片定义的命令见表 9-3。因 K9F1G08U0E 容量为 128MB，需要一个 27 位的地址，即 4 个地址序列，地址序列定义见表 9-4。

表 9-3　K9F1G08 命令字

功　能	第一个周期	第二个周期
读	00h	30h
读状态	70h	

功能	第一个周期	第二个周期
复位	FFh	—
页编程	80h	10h
块擦除	60h	D0h

表 9-4　K9F1G08 的地址序列

	I/O0	I/O1	I/O2	I/O3	I/O4	I/O5	I/O6	I/O7	
1st Cycle	A_0	A_1	A_2	A_3	A_4	A_5	A_6	A_7	Column Address
2nd Cycle	A_8	A_9	A_{10}	A_{11}	*L	*L	*L	*L	Column Address
3rd Cycle	A_{12}	A_{13}	A_{14}	A_{15}	A_{16}	A_{17}	A_{18}	A_{19}	Row Address
4th Cycle	A_{20}	A_{21}	A_{22}	A_{23}	A_{24}	A_{25}	A_{26}	A_{27}	Row Address

K9F1G08 的存储区有 2112 列，必须使用 A0～A11 共 12 位来寻址；有 65535 行，必须使用 A12～A27 共 16 位来寻址。

9.4　Flash 存储器控制

对 Flash 的控制和操作主要包括擦除、无效块检测、页编程和读操作等。地址、数据和命令需要 8 个 I/O 引脚，5 个使能信号（WE\、ALE、CLE、CE\、RE\）、1 个状态引脚（R/B）、1 个写保护引脚（WP）配合使用。写地址、数据、命令时，CE\、WE\信号必须为低电平，它们在 WE\信号的上升沿被锁存。命令锁存使能信号 CLE 和地址锁存使能信号 ALE 用来区别 I/O 引脚上传输的是命令还是地址。

9.4.1　Flash 擦除

Flash 的编程原理只能将 1 写为 0，不能将 0 写为 1，所以在 Flash 编程之前，为了保证存储数据的正确性，必须保证块内的所有字节变为 0xFF。而 Flash 擦除的过程就是把所有位都写为 1 的过程，所以在 Flash 编程之前必须将对应的块进行擦除。Flash 块擦除的时序图如图 9.8 所示：

根据图 9.8 给出的时序及命令要求，当芯片进入擦除状态后：
① 命令锁存使能 CLE 为高，在写信号 WE\的上升沿，擦除操作的第一个周期命令 60h 锁存到命令寄存器，CLE 转为低状态；
② 地址锁存使能 ALE 为高，在写信号 WE\的上升沿，两个行地址依次锁存到地址寄存器；
③ 命令锁存使能 CLE 为高，在写信号 WE\的上升沿，擦除操作的第二个周期命令 D0h 锁存到命令寄存器，CLE 转为低状态；
④ 经过 t_{WB} 时间后，Flash 的准备/忙信号 R/B 拉低，Flash 转为"忙"状态。
⑤ 经过 t_{BERS} 时间后，R/B 拉高，完成一块擦除，Flash 转为"准备"状态。
⑥ 命令锁存使能 CLE 为高，在写信号 WE\的上升沿，块擦除状态查询命令 70h 锁存到命

令寄存器，CLE 转为低状态。读信号 RE\出现上升沿时，借助 I/O0 可判断是否擦除成功。若 I/O0 为 1，则表示擦除失败；若 I/O0 为 0，则表示擦除成功。

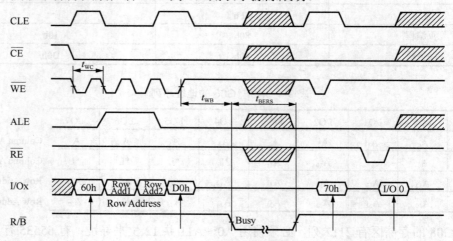

图 9.8 Flash 块擦除时序图

此过程用 VHDL 实现的部分程序如下：

```
...
WHEN ere1=>
    f_ce<='0';
    f_cle<='1';
    f_ale<='0';
    f_data<="01100000";                    --擦除操作的第一个命令周期60h
    e_state<=ere2;
WHEN ere2=>
    f_we<='0';
    e_state<=ere3;
WHEN ere3=>
    f_we<='1';
    e_state<=ere4;
WHEN ere4=>
    f_ale<='1';
    f_cle<='0';
    f_data(5 downto 0)<="000000";          --第一个行地址
    f_data(7 downto 6)<=f_countb(1 downto 0);
    e_state<=ere5;
WHEN ere5=>
    f_we<='0';
    e_state<=ere6;
WHEN ere6=>
    f_we<='1';
    e_state<=ere7;
WHEN ere7=>
    f_data<=f_countb(9 downto 2);          --第二个行地址
    e_state<=ere8;
WHEN ere8=>
    f_we<='0';
```

```
            e_state<=ere9;
    WHEN ere9=>
        f_we<='1';
        e_state<=ere10;
    WHEN ere10=>
        f_cle<='1';
        f_ale<='0';
        f_data<="11010000";           --擦除操作第二个周期命令 D0h
        e_state<=ere11;
    WHEN ere11=>
        f_we<='0';
        e_state<=ere12;
    WHEN ere12=>
        f_we<='1';
        e_state<=ere13;
    WHEN ere13=>
        f_cle<='0';
        ere_delay<="0000000011";      --擦除延时时间>$t_{WB}$
        e_state<=ere14;
    WHEN ere14=>
        ere_delay<=ere_delay-1;
        e_state<=ere15;
    WHEN ere15=>
        IF ere_delay="0000000000" THEN   --开始擦除
            e_state<=ere16;
        ELSE
            e_state<=ere14;
        END IF;
    WHEN ere16=>
        IF f_rb='1' THEN
            e_state<=ere17;           --$t_{BERS}$之后,擦除完成
        ELSE
            e_state<=ere16;
        END IF;
    WHEN ere17=>
        f_cle<='1';
        e_state<=ere18;
    WHEN ere18=>
        f_we<='0';
        f_data<="01110000";           --擦除状态查询 70h
        e_state<=ere19;
    WHEN ere19=>
        f_we<='1';
        e_state<=ere20;
    WHEN ere20=>
        f_cle<='0';
        e_state<=ere21;
    ……
```

擦除第 0 块地址的在线仿真如图 9.9 所示,图中 JEN 为页编程操作使能信号(高有效),JERE 为擦除操作使能信号(高有效),JREAD 为读操作使能信号(高有效),当芯片进入擦除

状态后，首先命令锁存使能 CLE 为拉高，并在写信号 WE\的上升沿时，擦除命令 60h 锁存到命令寄存器，擦除命令 60h 加载后，CLE 转为低状态；其次，地址锁存使能 ALE 为拉高，写信号 WE\每出现一个上升沿，块地址 00h 锁存到地址寄存器，地址 00h 加载后，ALE 转为低状态；之后，命令锁存使能 CLE 拉高，并在写信号 WE\的上升沿时，擦除命令 D0h 锁存到命令寄存器，擦除命令 D0h 加载后，CLE 转为低状态，块擦除的命令及地址加载完毕后，Flash 的准备/忙信号 R/B 拉低，Flash 转为"忙"状态。

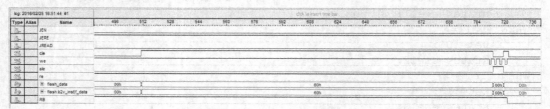

图 9.9　擦除第 0 块地址的在线仿真

9.4.2　Flash 无效块检测

NAND-Flash 存储器的坏块管理（HAL）硬件适配层管理坏块，通常工厂在出厂时建立一个坏块表标记坏块。坏块是那些包含一位或者多位无效位，可靠性不能保证的块。为了确保数据的有效性和完整性，在 Flash 进行读/写操作之前需要完成无效块检测。

NAND-Flash 无效块状态信息标识在空闲区的第一个字节处，如果 Flash 里某块的第一页和第二页空闲区第一个字节均为 FFh，说明该块可以进行读/写操作是有效块，如果两者有一页的字节不是 FFh，那么说明该块为无效块。

在进行检测时，首先要建立无效块信息列表，将无效块的信息存储在列表里，存储数据时读取列表信息，跳过无效块。无效块检测流程如图 9.10 所示。跳过块的方法是通过算法创建一个坏块表并且当目标地址和坏块地址一致时，数据将被存储在下一个好块中，跳过坏块。当 NAND 设备使用过程中生成坏块时，其数据也存储在下一个好块中。

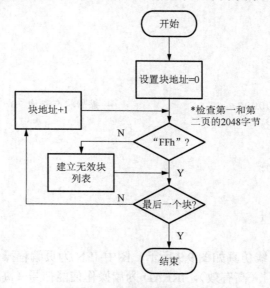

图 9.10　无效块检测流程

第9章 存储器控制模块的 VHDL 设计与实现

无效块的检测只针对每块的第一页和第二页，若第一页出现非"FF"，则第一页无效，当前块无效，若第一页有效，再检测第二页；检测完此块后，块地址加一，直到所有块检测完成为止。

此过程用 VHDL 实现的部分程序如下：

```
……
    CASE erd_state IS
    WHEN erd0=>
        p_switch<='0';
        f_ce<='1';
        f_cle<='0';
        f_ale<='0';
        f_re<='1';
        f_we<='1';
        f_wren<='0';                    --ram 写使能无效
        f_rden<='0';                    --ram 读使能无效
        f_countb<="0000000000";
        erd_state<=erd1;
……           --上段程序后，开始发送读操作的第一个周期命令 00H、第 2048 行地址对应的第
一个列地址和第二个列地址，这些程序在读操作命令实现部分给出，此处省略；
    WHEN erd11=>--发送第一个行地址
    IF p_switch='0' THEN                -- p_switch 表示每个块的第一页或第二页
        f_data(5 downto 0)<="000000";表示第1页；
    ELSE
        f_data(5 downto 0)<="000001";p_switch='1'表示第 2 页。
    END IF;
        f_data(7 downto 6)<=f_countb(1 downto 0);
        erd_state<=erd12;
……           --发送读操作的第二个周期命令 30H 和第二个行地址在此也省略；
    WHEN erd23=>
        f_re<='0';
        erd_state<=erd24;
    WHEN erd24=>
        f_re<='1';
        erd_state<=erd25;
    WHEN erd25=>
    IF f_datain="11111111" THEN         --检测是否为 FF
        erd_state<=erd26;
    ELSE
        p_switch<='0';
        f_ram_datain<="0";              --"0"表示坏块
        f_wren<='1';--ram 写使能有效
        erd_state<=erd27;
    END IF;
    WHEN erd27=>
        f_wren<='0';    --ram 写使能无效
        erd_state<=erd29;
    WHEN erd29=>
      IF  f_countb="1111111111" WHEN
        f_ok<='1';                      --无效块检测完毕
        f_countb<="0000000000";
```

```
            erd_state<=erd30;
        ELSE
            f_countb<=f_countb+1;
            erd_state<=erd1;
        END IF;
    WHEN erd30=>
        erd_state<=erd30;
    WHEN erd26=>
        IF p_switch='0' THEN
            p_switch<='1';
            erd_state<=erd1;
        ELSE
            p_switch<='0';
            f_ram_datain<="1";           --"1"表示有效块
            f_wren<='1';                 --ram 写使能有效
            erd_state<=erd28;
        END IF;
    WHEN erd28=>
        f_wren<='0';                     --ram 写使能无效
        erd_state<=erd29;
    WHEN OTHERS=>
        erd_state<=erd0;
END CASE;
    ...
```

无效块检测操作的在线仿真时序如图 9.11 所示。

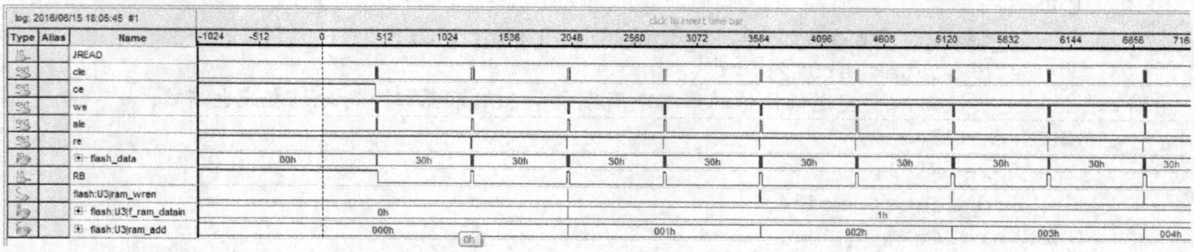

图 9.11　无效块检测操作的在线仿真时序

图 9.12 为第 0 块地址的无效块检测完毕后的无效块标记时序图，当某第 0 块无效块检测完毕后时，ram 写使能 ram_wren 拉高（写有效），并将检测结果标记到 ram 中，随后 ram 的地址计数器 ram_add 加 1，ram 数据写使能 ram_wren 拉低（写无效），开始执行下一块的无效块检测。

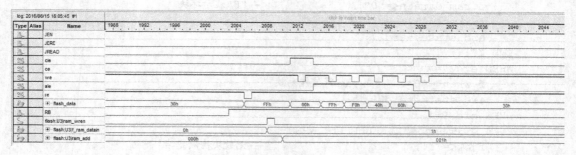

图 9.12　第 0 块地址的无效块检测完毕后的无效块标记时序

9.4.3 Flash 页编程

存储测试系统采集的数据存入 Flash 的存储单元，需要进行 Flash 的页编程操作，页编程时序如图 9.13 所示。

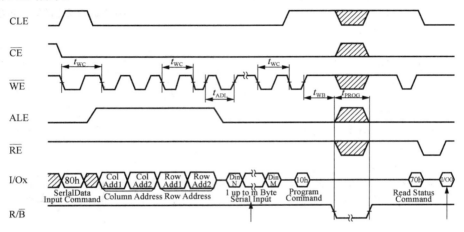

图 9.13　Flash 页编程时序图

根据图 9.13 给出的时序及命令要求，当芯片进入页编程状态后：

① 命令锁存使能 CLE 为高，在写信号 WE\的上升沿，页编程的第一个周期命令 80h 锁存到命令寄存器，CLE 转为低状态。

② 地址锁存使能 ALE 为高，在写信号 WE\的上升沿，两个行地址及两个列地址依次锁存到地址寄存器。

③ 经过 t_{ADL} 之后，在写信号 WE\的上升沿，数据依次锁存到数据寄存器；

④ 命令锁存使能 CLE 为高，在写信号 WE\的上升沿，页编程命令的第二个周期 10h 锁存到命令寄存器，CLE 转为低状态。

⑤ 经过 t_{WB} 时间后，Flash 的准备/忙信号 R/B 拉低，Flash 转为"忙"状态，Flash 开始页编程。

⑥ 经过 t_{PROG} 时间后，Flash 页编程结束，R/B 拉高。

⑦ 命令锁存使能 CLE 为高，在写信号 WE\的上升沿，页编程查询命令 70h 锁存到命令寄存器，CLE 转为低状态，读信号 RE\出现上升沿时，I/O0 可判断页编程是否成功，若 I/O0 为 1，则表示页编程失败；若 I/O0 为 0，则表示页编程成功。

此过程用 VHDL 实现的部分程序如下：

```
CASE w_state IS
    WHEN wr0=>
        f_cle<='0';
        f_ale<='0';
        f_re<='1';
        f_ce<='0';
        f_we<='1';
        f_countbyte<="000000000000";
```

```vhdl
            f_countp<="000000";
            w_state<=wr1;
      WHEN wr1=>
            f_cle<='1';
            f_ale<='0';
            f_countbyte<="000000000000";
            f_data<="10000000";                    --页编程操作的第一个周命令80h
            w_state<=wr2;
      WHEN wr2=>
            f_we<='0';
            w_state<=wr3;
      WHEN wr3=>
            f_we<='1';
            w_state<=wr4;
      WHEN wr4=>
            f_cle<='0';
            f_ale<='1';
            f_data<="00000000";                    --第一个行地址
            w_state<=wr5;
      WHEN wr5=>
            f_we<='0';
            w_state<=wr6;
      WHEN wr6=>
            f_we<='1';
            w_state<=wr7;
      WHEN wr7=>
            f_data<="00000000";                    --第二个行地址
            w_state<=wr8;
      WHEN wr8=>
            f_we<='0';
            w_state<=wr9;
      when wr9=>
            f_we<='1';
            w_state<=wr10;
      WHEN wr10=>
            f_data(5 downto 0)<=f_countp(5 downto 0);   --第一个列地址
            f_data(7 downto 6)<=f_countb(1 downto 0);
            w_state<=wr11;
      WHEN wr11=>
            f_we<='0';
            w_state<=wr12;
      WHEN wr12=>
            f_we<='1';
            w_state<=wr13;
      WHEN wr13=>
            f_data<=f_countb(9 downto 2);          --第二个列地址
            w_state<=wr14;
                  ……                              --写数据,具体内容此处省略
```

```
        WHEN wr23=>
            f_we<='0';
            f_data<="00010000";              --页编程操作的第二个周命令10h
            w_state<=wr24;
        WHEN wr24=>
            f_we<='1';
            w_state<=wr25;
        WHEN wr25=>
            f_cle<='0';
            wr_delay<="0011";
            w_state<=wr26;
        WHEN wr26=>
           IF wr_delay="0000" THEN           --编程延时时间>t_{WB}
            w_state<=wr27;
           ELSE
            wr_delay<=wr_delay-1;
            w_state<=wr26;
           END IF;
        WHEN wr27=>
           IF f_rb='1' THEN                  --经过t_{PROG}页编程结束
……
        WHEN OTHERS=>
            w_state<=wr0;
            END CASE;
```

第 0 块第 0 页地址页编程的命令、地址及数据（00-1F）加载过程在线仿真如图 9.14 所示，首先命令锁存使能 CLE 为高，写信号 WE\ 上升沿时，页编程命令 80 锁存到命令寄存器，页编程命令 80h 加载后，CLE 转为低状态；其次地址锁存使能 ALE 为拉高，写信号 WE\ 每出现一个上升沿，第 0 块的第 0 页的地址 00000000h 依次锁存到地址寄存器，地址加载后，ALE 转为低状态；之后，每出现一个 WE\ 上升沿，数据锁存到数据寄存器，顺序数据 00～1F 加载后，命令锁存使能 CLE 拉高，WE\ 上升沿时，页编程命令 10h 锁存到命令寄存器，页编程命令 10h 加载后，CLE 转为低状态，至此页编程的命令、地址、数据加载完毕。

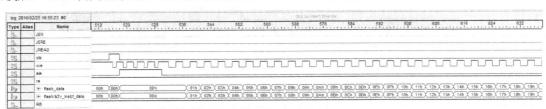

图 9.14　第 0 块的第 0 页的页编程加载过程在线仿真

第 0 块的第 0 页地址页编程的状态判断在线仿真如图 9.15 所示，页编程结束后，R/B 信号拉高，命令锁存使能 CLE 为拉高，并在写信号 WE\ 的上升沿时，将页编程状态查询命令 70h 锁存到命令寄存器，页编程状态查询命令加载后，CLE 转为低状态，当读信号 RE\ 上升沿时，Flash 输出的数据 Flash_data 为 C0，I/O0=0，表示编程成功。页编程操作总的在线仿真如图 9.16 所示。

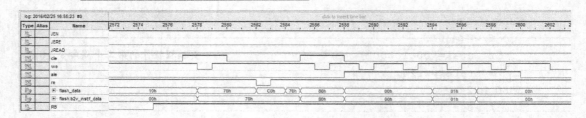

图 9.15　第 0 块的第 0 页地址页编程的状态判断

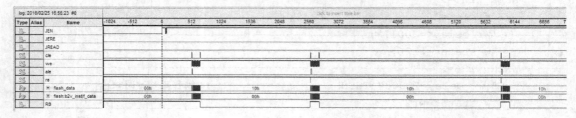

图 9.16　页编程操作总的在线仿真

9.4.4　Flash 读操作

当存储测试系统完成试验后，需要将存储器中的数据读出来进行分析。Flash 读操作的时序要求如图 9.17 所示。

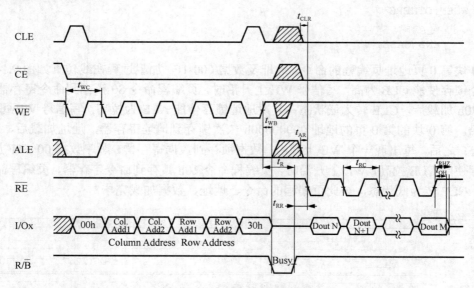

图 9.17　Flash 读操作时序

根据图 9.17 给出的时序及命令要求，当芯片进入读状态后：

① 命令锁存使能 CLE 为高，在写信号 WE\ 的上升沿，读操作的第一个周期命令 00h 锁存到命令寄存器，CLE 转为低状态。

② 地址锁存使能 ALE 为高，在写信号 WE\ 的上升沿，两个行地址及两个列地址依次锁存到地址寄存器。

③ 命令锁存使能 CLE 为高，在写信号 WE\ 的上升沿，读操作的第二个周期命令 30h 锁存

到命令寄存器，CLE 转为低状态。

④ 经过 t_{WB} 时间后，Flash 的准备/忙信号 R/B 拉低，Flash 转为"忙"状态。

⑤ 经过 t_R 时间后，R/B 拉高，Flash 转为"准备"状态。

⑥ 在读信号 RE\的上升沿，数据依次被读出。

此过程用 VHDL 实现的部分程序如下：

```
CASE r_state IS
    WHEN rd0=>
        f_ce<='1';
        f_cle<='0';
        f_ale<='0';
        f_re<='1';
        f_we<='1';
        f_countbyte<="000000000000";
        f_countp<="000000";
        f_countb<="0000000000";
        r_state<=rd1;
    WHEN rd1=>
        f_ce<='0';
        f_cle<='1';
        f_ale<='0';
        f_countbyte<="000000000000";
        r_state<=rd2;
    WHEN rd2=>
        f_data<="00000000";                     --读操作的第一个周期命令 00h
        r_state<=rd3;
    WHEN rd3=>
        f_we<='0';
        r_state<=rd4;
    WHEN rd4=>
        f_we<='1';
        r_state<=rd5;
    WHEN rd5=>
        f_ale<='1';
        f_cle<='0';
        r_state<=rd6;
    WHEN rd6=>
        f_data<="00000000";                     --第一个行地址
        r_state<=rd7;
    WHEN rd7=>
        f_we<='0';
        r_state<=rd8;
    WHEN rd8=>
        f_we<='1';
        r_state<=rd9;
    WHEN rd9=>
        f_data<="00000000";                     --第二个行地址
        r_state<=rd10;
    WHEN rd10=>
        f_we<='0';
        r_state<=rd11;
```

```vhdl
            WHEN rd11=>
                f_we<='1';
                r_state<=rd12;
            WHEN rd12=>
                f_data(5 downto 0)<=f_countp(5 downto 0);    --第一个列地址
                f_data(7 downto 6)<=f_countb(1 downto 0);
                r_state<=rd13;
            WHEN rd13=>
                f_we<='0';
                r_state<=rd14;
            WHEN rd14=>
                f_we<='1';
                r_state<=rd15;
            WHEN rd15=>
                f_data<=f_countb(9 downto 2);                --第二个列地址
                r_state<=rd16;
            WHEN rd16=>
                f_we<='0';
                r_state<=rd17;
            WHEN rd17=>
                f_we<='1';
                r_state<=rd18;
            WHEN rd18=>
                f_cle<='1';
                f_ale<='0';
                f_data<="00110000";                          --读操作的第二个周期命令 30h
...
                rd_delay<="11111"   ;                        --读延时时间>t_WB
                r_state<=rd22;
            WHEN rd22=>
              IF  rd_delay="00000"  THEN
                r_state<= rd23;
              ELSE
                rd_delay<=rd_delay-1;
                r_state<=rd22;
                END IF;
            WHEN rd23=>
              IF  f_rb='1'  THEN                             --经过 t_R 时间，RB 拉高，开始读数
                r_state<=rd24;
              ELSE
                r_state<=rd23;
                END IF;
            WHEN rd24=>
                f_re<='0';
                r_state<=rd25;
            WHEN rd25=>
                f_re<='1';                                   --读出数据
                r_state<=rd26;
...
            WHEN OTHERS=>
                r_state<=rd0;
        END CASE;
```

第 0 块的第 0 页地址读操作总的在线仿真如图 9.18 所示,其中第 0 块的第 0 页地址的命令及地址加载在线仿真如图 9.19 所示:首先,命令锁存使能 CLE 高,写信号 WE\上升沿时,读命令 00h 通过锁存到命令寄存器,读命令 00h 加载后,CLE 转为低状态;其次,地址锁存使能 ALE 为拉高,写信号 WE\每出现一个上升沿,将第 0 块的第 0 页地址 00000000h 锁存到地址寄存器,地址加载后,ALE 转为低状态;之后,命令锁存使能 CLE 高,写信号 WE\上升沿时,将读命令 30h 通过锁存到命令寄存器,读命令 30h 加载后,CLE 转为低状态,至此读的命令及地址加载完毕,Flash 转为"忙"状态,R/B 拉低。

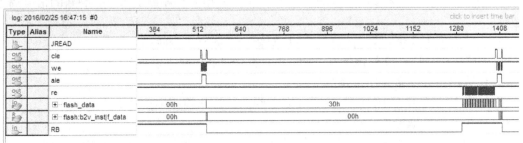

图 9.18　第 0 块的第 0 页地址读操作总的在线仿真

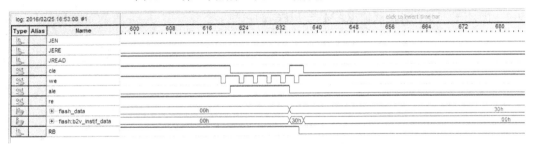

图 9.19　第 0 块的第 0 页地址读操作的命令及地址加载在线仿真

第 0 块的第 0 页读出的数据如图 9.20 所示,当 R/B 拉高后,WE 每出现一个上升沿,则 Flash 输出一个数据,读出的顺序数据为 00h～1Fh,读操作总的在线仿真结果如图 9.21 所示。

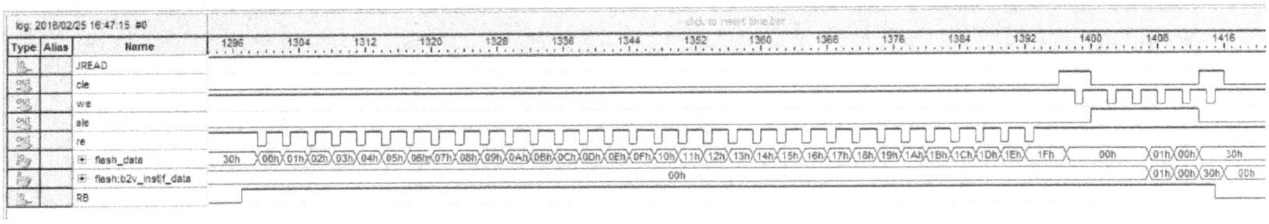

图 9.20　第 0 块的第 0 页地址读出的数据

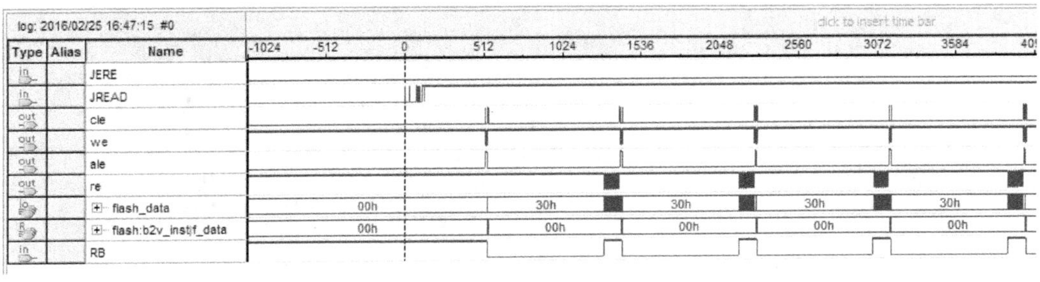

图 9.21　读操作仿真波形

习 题

9-1 对于一个 1K×4 位的 DRAM 芯片，若其内部结构排列成 64×64 形式，且存取周期为 0.1μs。

（1）若采用分散刷新和集中刷新相结合的方式，即用异步刷新的方法，刷新的信号周期应取多少？

（2）若采用集中刷新，则对该存储芯片刷新一遍需要多少时间？

9-2 设有一个具有 20 位地址和 32 位字长的存储器，问答以下问题：

（1）存储器可存储多少字节信息？

（2）如果存储器由 512K*8 位 SRAM 芯片组成，那么需要多少片？

（3）需要多少位地址作为芯片选择？

9-3 NAND Flash 进行写操作之前为什么需要进行擦除操作？请简述 K9F1G08 存储器进行擦除操作的基本流程。

9-4 简述单口 RAM、双口 RAM 与 FIFO 的区别。

第 10 章 异步串行通信（UART）模块设计

异步串行通信常用于计算机主机与外设之间以及主机与主机系统之间的数据传送。这种传送方式可以解决信息交换过程中的速度不匹配、数据格式不匹配、信息类型不匹配等问题。因此在存储测试系统设计中常常得到广泛应用。

本章将首先对异步串行通信协议进行简要介绍，然后以半双工模式工作的串行通信接口为例，详细介绍如何使用 FPGA 实现 UART 控制器。

10.1 UART 协议简介

UART（Universal Asynchronous Receiver/Transmitter）协议是一种通用异步收发协议。该协议标准提供了一种通用的按位串行传输的接口规范，其主要在数据链路层对字节传输的数据帧格式、同步控制以及差错控制等功能进行了有效定义。符合该协议进行通信的串行接口标准主要有美国电子工业协会（EIA）定义的 RS-232 接口、RS-422 接口、RS-485 接口。由于该协议标准形式简单，实现方便，定制灵活。因此，在其基础上发展了诸如 Modbus、Profibus 等总线通信协议标准，同时在许多行业内得到了广泛应用。

10.1.1 UART 接口标准

RS-232、RS-422 与 RS-485 都是符合 UART 协议的串行数据接口标准。它们最初都是由电子工业协会（EIA）制定并发布的，RS-232 在 1962 年发布，命名为 EIA-RS-232C，作为工业标准，以保证不同厂家产品之间的兼容。RS-422 由 RS-232 发展而来，它是为弥补 RS-232 之不足而提出的。为改进 RS-232 通信距离短、速率低的缺点，RS-422 定义了一种平衡通信接口，即采用差分信号传输方式，将传输速率提高到 10Mb/s，传输距离延长到 1200m（速率低于 100kb/s 时），并允许在一条平衡总线上连接 10 个接收器。RS-422 是一种单机发送、多机接收的单向、平衡传输规范，被命名为 TIA/EIA-422-A 标准。为扩展应用范围，EIA 又于 1983 年在 RS-422 基础上制定了 RS-485 标准，增加了多点、双向通信能力，即允许多个发送器连接到同一条总线上，同时增加了发送器的驱动能力和冲突保护特性，扩展了总线共模范围，后命名为 TIA/EIA-485-A 标准。由于 EIA 提出的建议标准都是以"RS"作为前缀，所以在通信工业领域，仍然习惯将上述标准以 RS 作前缀的称谓。

在现今的存储测试系统设计中，考虑到外界干扰抑制及通信距离等因素，一般使用 RS-422 及 RS-485 接口。

10.1.2 UART 通信协议

UART 通信协议规定：通信系统在空闲时保持逻辑"1"状态，当需要传送一个字符的数据时，首先会发送一个逻辑为"0"的起始位，表示开始发送数据；之后，就逐个发送数据位、奇偶校验位和停止位（逻辑为"1"）。具体每一位(Bit)的要求及意义如下。

（1）起始位：发出一个逻辑"0"信号，表示传输字符的开始。由于数据是在传输线上定时的，并且每一个设备有其自己的时钟。通常情况下，通信中两台设备之间将出现一定的时钟不同步。因此，此位主要用于通信双方字符数据传输的位同步。

（2）数据位：紧接着起始位之后。数据位的个数可以是 4、5、6、7、8，这些数据位构成一个有意义的字符。该字符数据一般采用 ASCII 编码或 8 位十六进制编码，并从最低位（LSB）开始，按约定通信速率（时钟）传输。

（3）奇偶校验位：数据位加上这一位后，使得"1"的位数应为偶数（偶校验）或奇数（奇校验），以此来校验数据传送的正确性。奇偶校验位可以根据实际通信质量与应用情况来确定有无。当外部干扰较小或误码率要求不高时，可以选择去掉奇偶校验位。

（4）停止位：它是一个字符数据的结束标志。可以是 1 位、1.5 位、2 位的高电平。如果无奇偶校验位，一般选择 2 位停止位。停止位不仅仅表示字符数据传输的结束，也给通信双方提供校正同步时钟的机会。停止位的位数越多，不同时钟同步的容忍程度越大，但同时数据传输率也越慢。

（5）空闲位：处于逻辑"1"状态，表示当前传输通道上没有数据传送。

UART 协议传输时序如图 10.1 所示：

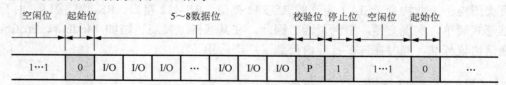

图 10.1　UART 协议传输时序图

需要说明的是，通信双方需要根据约定的数据传输速率来进行各位的传输。在串行通信中，一般使用波特率或比特率来描述数据的传输速率。波特率是每秒传输的信号波个数，其单位为波特（Baud）；比特率是每秒传输的二进制位数，单位为位/秒（bps 或 bit/s）。对于单一通道的串行通信而言，两者数值及含义是等价的。它们是衡量传输串行数据速度快慢的重要指标。国际上规定了一个标准数据传输速率系列：110bps，300bps，600bps，1 200bps，1 800bps，2 400bps，4 800bps，9 600bps，14 400bps，19 200bps，28 800bps，33 600bps，56 000bps 等。以 9 600bps 为例，其意义是每秒传送 9 600 位数据，包含字符位和其他必须的辅助信息位，如前述的起始位、奇偶校验位、停止位。在 UART 接口中，一般常用的传输速率有 4 800bps，9 600bps，19 200bps，57 600bps，115 200bps 等。

10.2　UART 协议控制器 FPGA 实现

UART 协议控制器已在许多专用的集成电路产品中得到实现，但考虑到存储测试系统设计的灵活性，常常需要利用 FPGA 可编程逻辑器件进行实现。本章节主要介绍基于 FPGA 器件的 UART 控制器设计。

10.2.1 UART 接口实现原理与方案

对于一个完整的 UART 接口系统，需要使用 VHDL 语言将 UART 协议的核心功能集成到 FPGA 内部，然后利用现有的 UART 驱动芯片（如 MAXIM 公司生产的 MAX3490 等），实现内部 TTL/CMOS 逻辑电平与外部 UART 发送/接收逻辑电平之间的转换，最终实现 UART 接口通信系统之间的互连。以实现 RS-422 异步串行接口通信为例，整个系统的具体结构如图 10.2 所示。

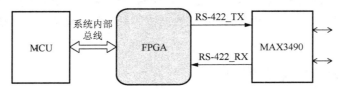

图 10.2　系统的具体结构

对于 FPGA 实现的 UART 协议核心功能部分，又可以分为波特率时钟生成模块、数据发送/接收逻辑模块、奇偶校验模块、串并转换模块、数据发送/接收 FIFO 模块 5 个主要模块。其结构组成如图 10.3 所示。

UART 协议 FPGA 实现的各个模块功能如下：

（1）波特率时钟生成模块。为了进行某种波特率下的串行异步通信，需要产生符合相应传输速率的一系列时钟，如与传输速率匹配的信号接收采样时钟、串并转换模块的移位时钟、发送模块的移位时钟等。这些时钟均由该模块生成。

（2）数据发送/接收逻辑模块。主要负责串行数据接收与发送过程中状态机的逻辑生成与控制。需要在空闲、传输起始、数据传输、传输结束等状态之间进行有序切换，以保证位数据的可靠接收与发送。

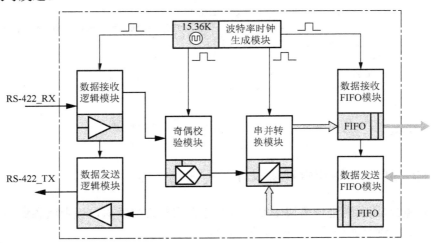

图 10.3　FPGA 实现功能结构

（3）奇偶校验模块。该模块的主要功能为：成功接收位数据后，根据通信双方的奇偶校验约定对输入位数据进行奇偶校验判断，以决定当前位数据的有效性；当需要发送位数据时，同样要根据奇偶校验约定对输出位数据进行计算并生成相应的奇偶校验位。

（4）串并转换模块。该模块主要由移位寄存器构成，负责位流数据的生成与解析。

（5）数据发送/接收 FIFO 模块。该模块主要用于存储输入或输出字节数据。在 FPGA 测试存储系统中可解决数据生成/使用方与串行总线通信方之间的速率失配问题，从而使数据流动更为协调。

为简化系统设计，在 UART 协议的 FPGA 实现过程中，要根据以下通信双方的约定（通信协议）进行：

物理层与链路层协议满足 RS-422 接口串行通信标准；其通信的基本参数为传输速率 9600bps；字符传送格式为 1 位起始位、8 位数据位、1 位奇校验位、1 位停止位；FPGA 器件的系统时钟为 20MHz。

10.2.2 波特率时钟生成模块设计

波特率时钟生成模块主要根据传输速率要求，为整个 UART 协议核心实现提供所需要的时钟。根据传输速率要求，首先将 20MHz 的输入时钟进行 130 分频产生信号接收采样时钟，其频率为 20÷130≈153846（Hz）；再进行 16 分频得到 UART 移位时钟，其频率为 153846÷16≈9615（Hz），与期望的传输时钟 9600Hz 的相对误差为 1.56%。依据 UART 协议标准相关要求，允许使用偏差小于 2%的传输时钟。因此，此处满足设计要求。下面以接收采样时钟获取为例，其相关的 VHDL 逻辑代码如下：

```
PROCESS(clk,rst)
  BEGIN
   IF rst='1' THEN
          rx_div_cnt<="10000001";      --复位初始化分频计数器为129（基数0）
          uart_sample_en<='0';
     ELSIF clk'event and clk='1' THEN
          IF rx_div_cnt="00000000" THEN
             uart_sample_en<='1';      --130分频,产生采样时钟:uart_sample_en
             rx_div_cnt<="10000001";
          ELSE
             uart_sample_en<='0';
             rx_div_cnt<=rx_div_cnt-'1';
   END IF;
    END IF;
END  PROCESS;
```

10.2.3 数据接收/发送逻辑模块设计

UART 数据接收/发送逻辑模块主要负责串行数据接收与发送过程中状态机的逻辑生成与控制，其设计的关键是相应状态机的设计与实现。

1. 数据接收逻辑子模块

数据接收逻辑子模块的工作时钟为 153846Hz，对于每一个 UART 位数据波形，FPGA 采样 16 次，根据采样电平情况，进行接收逻辑状态转换。数据接收逻辑子模块的状态机如图 10.4 所示，其工作过程如下：

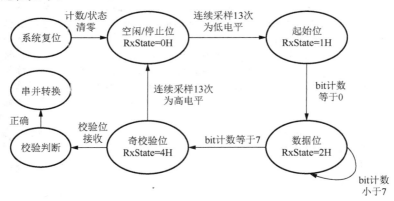

图 10.4　数据接收逻辑子模块状态机

系统复位后，状态机处于空闲状态，等待输入信号的电平状态变化。

若当前状态为空闲且连续采样 13 次为低电平，则状态机进入到起始位状态，表明 UART 控制器已正确接收到起始位；此处，选择采样 13 次低电平，主要是提供外部扰动容限及同步容限。该值可根据外部干扰情况及通道时延情况灵活调整。

若当前状态为起始位且数据位计数为 0 时，则状态机进入到数据位状态，表明 UART 控制器正在接收数据位；若数据位计数小于 7，则状态机仍然停留在数据位状态。

若当前状态为数据位且数据位计数为 7 时，则状态机进入到校验位状态，表明 UART 控制器正在接收校验位；校验位接收完成后，可并行进行校验判断，并以判断结果决定是否完成串并转换。

若当前状态为校验位且连续采样 13 次为高电平，则状态机进入到停止位（空闲）状态，由于停止位为逻辑高电平，且已连续采样 13 次为高电平，因此，UART 控制器进入到空闲状态；

UART 控制器接收模块的 FPGA 源程序代码如下：

```
LIBRARY IEEE;
USE IEEE.STD_LOGIC_1164.ALL;
USE IEEE.STD_LOGIC_ARITH.ALL;
USE IEEE.STD_LOGIC_UNSIGNED.ALL;
ENTITY uart_core_rx IS
    PORT( clk :              in  STD_LOGIC;              --20MHz
          rst :              in  STD_LOGIC;              --复位信号
          uart_rx :          in  STD_LOGIC;              --输入信号
          fifo_rx_wrreq :    out STD_LOGIC;              --FIFO 写使能信号
          fifo_rx_wrclk :    out STD_LOGIC;              --FIFO 写时钟
          fifo_rx_data :     out STD_LOGIC_VECTOR (7 downto 0);
          fifo_rx_rdempty:   in  STD_LOGIC;              --FIFO 写空
          fifo_rx_wrfull:    in  STD_LOGIC);             --FIFO 写满
```

```vhdl
END uart_core_rx;

ARCHITECTURE Behavioral of uart_core_rx IS
    SIGNAL f_clk:Std_Logic;                                  -- FIFO 时钟连接信号
    SIGNAL uart_rx_sync:Std_Logic_Vector(1 downto 0);   --同步缓冲
    SIGNAL uart_sample_en:Std_Logic;                         --采样使能
    SIGNAL uart_rx_shif:Std_Logic_Vector(15 downto 0);--采样移位寄存器
    SIGNAL rx_data:Std_Logic_Vector(7 downto 0);             --采样数据寄存器
    SIGNAL rx_data_en:Std_Logic;                             --采样数据标志
    SIGNAL rx_state:Std_Logic_Vector(3 downto 0);            --状态机状态
    SIGNAL rx_shif_cnt:Std_Logic_Vector(3 downto 0);         --移位计数
    SIGNAL rx_bit_cnt:Std_Logic_Vector(3 downto 0);          --数据位计数
    SIGNAL rx_div_cnt:Std_Logic_Vector(7 downto 0);          --分频计数
BEGIN
    fifo_rx_data<=rx_data;                                   -- FIFO 数据连接
    fifo_rx_wrreq<=rx_data_en;                               -- FIFO 使能信号连接
    f_clk<=clk;                                              --FIFO 时钟连接
    fifo_rx_wrclk<=f_clk;
PROCESS(clk,rst)                                             --串行数据接收同步处理
  BEGIN
    IF rst='1' THEN
          uart_rx_sync<="11";
      ELSIF clk'event and clk='1' THEN
          uart_rx_sync<= uart_rx_sync(0) & uart_rx;
    END IF;
END PROCESS;

PROCESS(clk,rst)
  BEGIN
    IF rst='1' THEN
          rx_div_cnt<="10000001";        --复位初始化分频计数器为 129（基数 0）
          uart_sample_en<='0';
       ELSIF clk'event and clk='1' THEN
          IF rx_div_cnt="00000000" THEN
            uart_sample_en<='1';         --130 分频,产生采样时钟:uart_sample_en
            rx_div_cnt<="10000001";
          ELSE
            uart_sample_en<='0';
            rx_div_cnt<=rx_div_cnt-'1';
          END IF;
    END IF;
END  PROCESS;

PROCESS(clk,rst)                          --采样数据移位处理
  BEGIN
    IF rst='1' THEN
          uart_rx_shif<="1111111111111111";
      ELSIF clk'event and clk='1' THEN
          uart_rx_shif<=uart_rx_shif(14 downto 0) & uart_rx_sync(1);
    END IF;
END PROCESS;
```

```vhdl
PROCESS(clk,rst)                         --接收逻辑状态机处理
  BEGIN
    IF rst='1' THEN
            rx_state<="0000";
    ELSIF clk'event and clk='1' THEN
       IF uart_sample_en='1' and uart_rx_shif(15 downto 3)="0"
and rx_state="0000" THEN
            rx_state<="0001";         --起始位状态
        ELSIF uart_sample_en='1' and rx_shif_cnt="0000"
and rx_bit_cnt="0000"  and rx_state="0001" THEN
            rx_state<="0010";         --数据位状态
ELSIF uart_sample_en='1' and rx_shif_cnt="0000"
and rx_bit_cnt="0111"  and rx_state="0010" THEN
            rx_state<="0100";         --校验位状态
        ELSIF uart_sample_en='1' and uart_rx_shif(15 downto 3)="1111111111111"
and rx_state="0100" THEN
            rx_state <="0000";         --停止位
      END IF;                           -- 状态机 IF
    END IF;                             -- 复位 IF
END PROCESS;

PROCESS(clk,rst)                         --采样计数处理
  BEGIN
    IF rst='1' THEN
          rx_shif_cnt<="1111";
    ELSIF clk'event and clk='1' THEN
        IF rx_state="0000" THEN
          rx_shif_cnt<="1111";
         ELSIF uart_sample_en='1' and (rx_state="0001" or rx_state="0010")  THEN
            IF rx_shif_cnt="0000"  THEN
                rx_shif_cnt<="1111";
              ELSE
              rx_shif_cnt<=rx_shif_cnt-'1';
              END IF;
        END IF;
      END IF;
END PROCESS;

PROCESS(clk,rst)                         --数据bit计数处理
  BEGIN
    IF rst='1' THEN
           rx_bit_cnt<="0111";
      ELSIF clk'event and clk='1' THEN
        IF rx_state="0000"   THEN
          rx_bit_cnt<="0111";
       ELSIF uart_sample_en='1' and rx_state="0001"
and rx_shif_cnt="0000"   THEN
            rx_bit_cnt<=rx_bit_cnt-'1';
      END IF;
      END IF;
END PROCESS;
```

```
PROCESS(clk,rst)                    --数据标志使能处理
  BEGIN
    IF rst='1' THEN
        rx_data_en<='0';
      ELSIF clk'event and clk='1' THEN
        IF uart_sample_en='1' and rx_state="0010" and rx_shif_cnt="0000" THEN
          rx_data_en<='1';
        ELSE
          rx_data_en<='0';
        END IF;
      END IF;
END PROCESS;
END behavioral;
```

2. 数据发送逻辑子模块

数据发送逻辑子模块的工作时钟为 153 846Hz，在状态机工作状态判断及转换时采用子模块工作时钟；当状态机进入到发送状态，对工作时钟进行 16 分频，得到位数据发送时钟 9 615Hz，然后以此频率对数据进行移位操作。数据发送逻辑子模块的状态机如图 10.5 所示，其工作过程如下：

系统复位后，状态机处于空闲状态。

若当前状态为空闲且有数据需要发送时（发送 FIFO 非空），则状态机进入到读取数据状态，并将待发送数据送入数据发送寄存器；同时，根据所读取的数据，由奇偶校验模块生成校验位，并将校验位也送入数据发送寄存器；

若当前状态为读取数据且数据送入数据发送寄存器，则状态机进入到组帧状态。此时，数据发送到寄存器中，在待发送数据头部添加起始位，尾部添加校验位与停止位，构成 11 位帧字符。

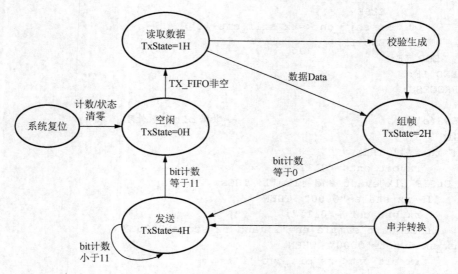

图 10.5　数据发送逻辑子模块状态机

第 10 章 异步串行通信（UART）模块设计

若当前状态为组帧且位计数为 0 时，则状态机进入发送状态。此状态下，由串并转换模块对帧字符进行串并转换，同时，根据发送时钟 9615Hz 向外部移出位数据。如果位计数小于 11，模块仍停留在该状态下，进行位数据发送。

若当前状态为发送且位计数等于 11，则状态机返回到空闲状态，等待下一次发送开始。

UART 控制器发送模块的 FPGA 源程序代码如下：

```vhdl
LIBRARY IEEE;
USE IEEE.STD_LOGIC_1164.ALL;
USE IEEE.STD_LOGIC_ARITH.ALL;
USE IEEE.STD_LOGIC_UNSIGNED.ALL;
ENTITY uart_core_Tx IS
    PORT( clk :              in   STD_LOGIC;              --20MHz
          rst :              in   STD_LOGIC;              --复位信号
          uart_clk :         in   STD_LOGIC;              --UART 波特率: 9615Hz
          uart_tx :          out  STD_LOGIC;              --UART 发送信号
          fifo_tx_rdreq :    out  STD_LOGIC;              --发送缓存读请求
          fifo_tx_data:      in   STD_LOGIC_VECTOR (7 downto 0);
          fifo_tx_rdempty:   in   STD_LOGIC);             --发送缓冲空标志
END uart_core_Tx;

ARCHITECTURE behavioral of uart_core_Tx IS
    SIGNAL tx_state:Std_Logic_Vector(3 downto 0);
    SIGNAL tx_bit_cnt:Std_Logic_Vector(3 downto 0);
    SIGNAL tx_shif:Std_Logic_Vector(9 downto 0);
BEGIN
    fifo_tx_rdreq<='1' when tx_state="0001" ELSE '0'; --发送缓存读请求
    uart_tx<=tx_shif(0);
PROCESS(tx_state,tx_bit_cnt,clk,rst)                    --发送逻辑状态机处理
  BEGIN
    IF rst='1' THEN
            tx_state<="0000";                           --空闲状态
      ELSIF clk'event and clk='1' THEN
        IF fifo_tx_rdempty='0' and tx_state="0000"  THEN
            tx_state<="0001";            -- 发送缓存非空则进入读取数据状态
        ELSIF tx_state="0001" THEN
            tx_state<="0010";            -- 读取数据后进入组帧状态
        ELSIF tx_state="0010" THEN
            tx_state<="0100";            -- 组帧完成后进入数据发送状态
        ELSIF tx_state="0100" and tx_bit_cnt="0000"  THEN
            tx_state<="0000";            -- 数据发送完毕进入空闲状态
      END IF;
    END IF;
END PROCESS;

PROCESS(tx_state,uart_clk,rst)              --位计数处理
  BEGIN
    IF rst='1' THEN
            tx_bit_cnt<="1011";
      ELSIF tx_state="0000" THEN
            tx_bit_cnt<="1011";
      ELSIF tx_state="0100" and (uart_clk'event and uart_clk='1') THEN
```

```
            tx_bit_cnt<=tx_bit_cnt-1;
    END IF;
END PROCESS;
END behavioral;
```

10.2.4 数据奇偶校验模块设计

数据奇偶校验模块根据接收数据或发送数据生成相应的奇偶校验位。根据奇偶校验的定义（数据位加上这一位后，使得"1"的位数应为偶数（偶校验）或奇数（奇校验）），相应的奇偶校验位可以通过待校验数据按位进行异或运算得到，例如对数据 0xC3 生成奇偶校验位，其生成原理如图 10.6 所示。奇校验生成的源程序代码如下：

```
LIBRARY IEEE;
USE IEEE.STD_LOGIC_1164.ALL;
USE IEEE.STD_LOGIC_ARITH.ALL;
USE IEEE.STD_LOGIC_UNSIGNED.ALL;
ENTITY odd_correct IS --实体说明
    PORT (
    data: in STD_LOGIC_VECTOR(7 downto 0);
    odd : out STD_LOGIC );
END odd_correct;
ARCHITECTURE behavioral of odd_correct IS
BEGIN
PROCESS (d)
  VARIABLE odd_tmp : STD_LOGIC;
BEGIN
  odd_tmp :='0';              --给变量赋初始值
  FOR i IN 0 TO 7 LOOP  --循环
    odd_tmp := NOT(odd_tmp XOR data(i)); --有奇数个'0'时 odd_tmp=1
  END LOOP;
  odd<=odd_tmp;
END PROCESS;
END behavioral;
```

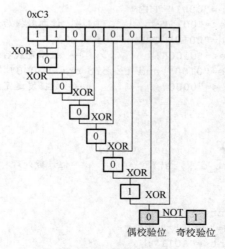

图 10.6 奇偶校验位生成原理

10.2.5 串并转换模块设计

串并转换的原理是利用移位寄存器在相应触发信号（一般为工作时钟）的驱动下将位数据移入或移出内部寄存器。位数据移入寄存器进行的是串转并操作，当位数据移入指定次数后（对于字节数据，指定次数为 8），移位寄存器内所保存的就是所需的字符数据。相应地，位数据移出寄存器进行的是并转串操作，当位数据移出指定次数后（对于字节数据，指定次数为 8），移位寄存器将初始的字符数据以位流的形式送至外部串行总线上。其工作原理如图 10.7 所示。

对于数据接收逻辑子模块，在数据位状态中，所接收的数据位需要进行串并转换处理，以获取所需字符；对于数据发送逻辑子模块，UART 控制核心在完成待发送数据组帧后，需要进行并串转换，将位数据传送至外部总线上。因此，串并转换模块的实现需要与数据发送/接收逻辑模块相应的实现进行有机整合。

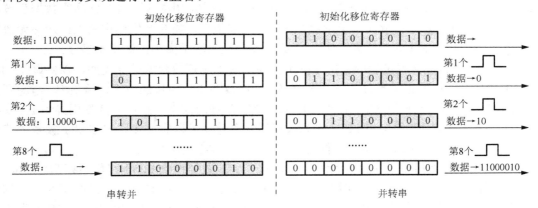

图 10.7　串并转换模块工作原理

相应子模块中串并转换相关的源程序代码如下。

```
-- 数据接收逻辑子模块中：串并转换
PROCESS (clk,rst)                      --串行数据串并转换处理
  BEGIN
    IF rst='1' then
         rx_data<="11111111";
     ELSIF clk'event and clk='1' then
      IF rx_state="0000"  THEN
         rx_data<="11111111";
      ELSIF uart_sample_en='1' and rx_state="0001" and rx_shif_cnt="0000" then
         rx_data<=uart_rx_shif(7) & rx_data(7 downto 1);   --移位寄存器
      END IF;
     END IF;
END PROCESS;

-- 数据发送逻辑子模块中：并串转换
PROCESS(tx_state,uart_clk,rst)         --并行数据转换及组帧处理
  BEGIN
    IF rst='1' THEN
         tx_shif<="11111111111";
```

```
        ELSIF tx_state="0010"  THEN
              tx_shif<='1' & fifo_tx_data & odd & '0';      --组帧
        ELSIF tx_state="0100" and (uart_clk'event and uart_clk='1')  THEN
              tx_shif<='1' & tx_shif(9 downto 1);
    END IF;
END PROCESS;
```

10.2.6 数据接收/发送 FIFO 模块设计

FIFO 是一种先进先出的数据缓冲器，它与普通存储器的主要区别是 FIFO 不需要外部读/写地址线，所以对 FIFO 进行读/写操作时不需要与数据配套的地址。

在 FIFO 应用时，通过 FIFO 空/满信号指示来对数据进行正确的读/写操作。当向 FIFO 内部写入数据且所存数据已达 FIFO 最大容量时，会产生 FIFO 满信号；此时，若继续向 FIFO 写入，将会产生溢出错误，丢失有效数据。当从 FIFO 内部读出数据且 FIFO 所存数据全被读取，会产生 FIFO 空信号；此时，若继续从 FIFO 读取数据，将会产生读空错误，产生无效数据。因此，在使用 FIFO 进行数据读/写时，必须要保证写满不溢出，读空不多读。

在 UART 发送及接收过程中使用 FIFO 主要是为了对有效数据进行缓冲，以协调 UART 模块与主控模块间的数据处理速率不匹配问题，从而提高主控模块的数据传输效率。考虑到主控模块数据总线读/写周期和 UART 模块的发送/接收时钟周期不一致，需要使用异步 FIFO 实现 UART 数据的缓冲。使用异步 FIFO 作为数据缓冲存储器可以完成接口与 UART 模块的速度匹配，同时也可以方便地实现两个不同时钟域之间的数据传输。

根据应用背景及 FPGA 片上资源情况，对于 UART 数据接收 FIFO，其深度可选 256，数据宽度为 8 位。设计过程中，可使用现有 FPGA 开发平台所提供的 IP，在选择深度、数据宽度及所需的控制信号（空满信号）后即可以生成所需的 FIFO 源代码。以 Quartus II 开发平台为例，可利用工具中的 MagaWizard Plug-In Manger 来生成 FIFO 源代码，其主要设置界面如图 10.8 所示。

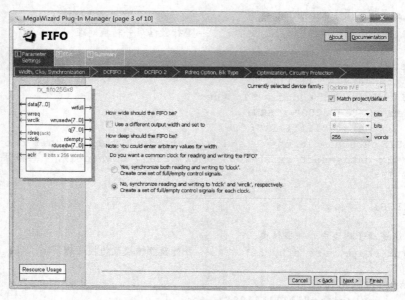

图 10.8　MagaWizard Plug-In Manger 中的 FIFO 设置界面

数据接收 FIFO 子模块与数据接收逻辑子模块等其他模块之间的信号连接关系如图 10.9 所示,相关源代码可参见 10.2.3 节中有关内容。

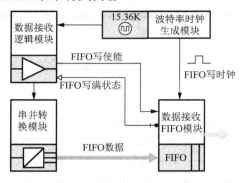

图 10.9　数据接收 FIFO 子模块连接关系

对于数据发送 FIFO,同样,其深度可选 256,数据宽度为 8 位。数据发送 FIFO 子模块与数据发送逻辑子模块等其他模块之间的信号连接关系如图 10.10 所示,相关源代码可参见 10.2.3 节的有关内容。

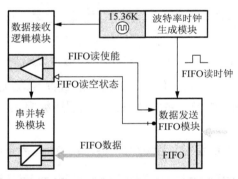

图 10.10　数据发送 FIFO 子模块连接关系

10.3　测试仿真与设计调试注意事项

10.3.1　测试仿真

在完成上述代码的编写后,可以利用仿真平台对 UART 协议控制器的 FPGA 实现进行仿真测试验证。

1. UART 接收控制仿真

采用仿真平台软件 Modelsim 对 UART 接收功能相关模块进行仿真,仿真波形如图 10.11 所示。从图 10.11 可以看出,当 FPGA 接收到一个完整的 UART 数据 0x57(b01010111,图中 ▲指示处)时,接收 FIFO 写使能 fifo_rx_wrreq 有效(高电平有效),并在接收 FIFO 写时钟 fifo_rx_wrclk 上升沿时写入 FIFO 中,之后接收 FIFO 写使能 fifo_rx_wrreq 无效,等待下一帧 UART 数据。这表明所编写 UART 协议接收控制器相关逻辑运行良好。

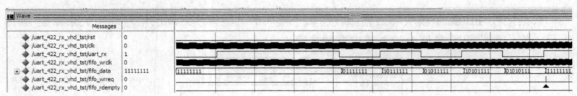

图 10.11　UART 接收控制仿真结果

2. UART 发送控制仿真

采用仿真平台软件 Modelsim 对 UART 发送功能相关模块进行仿真，仿真波形如图 10.12 与图 10.13 所示。从图 10.12 可以看出当 FIFO 读使能 fifo_tx_rdreq 有效（高电平有效，图中▲指示处），在 FIFO 读时钟 clk 的上升沿时将发送缓存区 FIFO 的数据 fifo_tx_data 读出，之后 FIFO 读使能 fifo_tx_rdreq 无效，等待当前数据转换完成后，再读取发送缓存区 FIFO 的下一个数据。

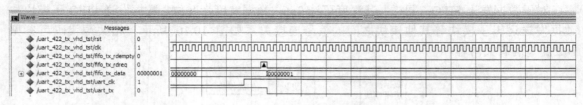

图 10.12　UART 发送 FIFO 模块读取仿真结果

从图 10.13 可以看出，当 fifo_tx_rdreq 有效后读取数据 b000000001，这时在 uart_tx 信号线上会形成所需的满足 UART 协议的通信波形。这表明所编写 UART 协议发送控制器的相关逻辑运行良好。

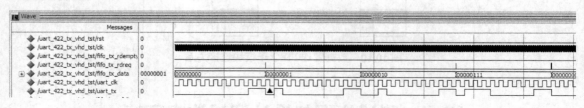

图 10.13　UART 发送控制仿真结果

10.3.2　设计调试注意事项

设计调试类似于 UART 的接口类程序，需要注意以下几方面的内容：

（1）时序设计一定要严格按照协议要求进行。

（2）要充分考虑主控模块与接口模块间的处理速率协调问题，包括 FIFO 深度、读写周期在前期要进行较为精确的估算，以保证数据不发生溢出、误读等故障。

（3）在应用前，要充分利用 Modelsim、SignalTap II、Chipscope 等仿真工具进行测试验证，以加快开发周期。

（4）对于异步串行通信，要考虑通信双方时钟间的偏差影响。可利用两级或多级 D 触发器对异步信号进行同步处理，以减少产生"亚稳态"的发生概率。

（5）在接口类程序中，状态机的良好设计与实现对整个接口运行良好起着非常关键的作用。
（6）要灵活使用开发平台自带 IP 核以缩短项目开发周期。

习　题

10-1　请简述 UART 通信协议所定义的字符数据传输时序？

10-2　如果 UART 传输波特率为 9600bps，FPGA 系统外部时钟为 30MHz，那么进行设计时，需要在波特率时钟生成模块中实现几类功能时钟？并说明所需提供的分（倍）频数。

10-3　在某应用下，UART 需要工作在"9600bps，1 个起始位，7 个数据位，无奇偶校验位，2 个停止位"模式下（即"9600, 1, 7, 无, 2"）下，试绘制其数据接收逻辑子模块状态机。

10-4　在某应用中，系统校验方式采用偶校验，试编写并验证偶校验代码。

10-5　简述 FIFO 的主要用用途及应用过程中的注意事项，并通过互联网查找 FIFO 深度计算方法。

第 11 章 数字电路开发常用设计方法

采用数字技术进行项目开发时，会遇到一些开发问题，尤其是数字电路的设计。时序设计是一个系统性能的主要标志，在高层次设计方法中，对时序控制的抽象度也相应提高，在设计中较难把握。因此，在设计复杂数字系统时采用合理的设计方法是有效的。本章介绍一些常用的设计技巧，首先对几个相关基本概念进行阐述。

11.1 毛刺现象及消除方法

1. 毛刺的产生

我们知道，信号在 CPLD 器件中通过逻辑单元连线时，一定会存在延时。延时的大小不仅仅和连线的长短、逻辑单元的数目有关，还和器件的制造工艺、工作环境等有很大的关系。因此，信号在 CPLD 中传输的时候，所需的时间是不能精确估算的，当多路信号同时发生跳变的瞬间，就会产生"竞争冒险"。此时，往往会出现一些不正确的小的尖峰信号，这些尖峰信号就叫做"毛刺"。另外，由于 CPLD 器件内部的电容和电感对电路中的毛刺几乎没有过滤作用，最终这些毛刺信号就会被"保留"并传递到下一级，从而使得毛刺问题更为突出。

可见，即使在最简单的逻辑运算中，如果出现多路信号同时发生跳变的情况，在通过内部走线后，就一定会产生毛刺。然而现在用在数字电路设计和数字信号处理中的信号常常是由时钟来控制的，在多数据输入的复杂运算系统，甚至每个数据都是由相当多的位数组成。此时，每一级产生的毛刺都会对结果有严重的影响，如果设计是多级的，那么毛刺的累加甚至会影响整个设计的可靠性和精确性。

2. 毛刺现象

数字电路中常将毛刺定义为采样时间越过逻辑门限一次以上的任何跳变，主要是指电路输出波形中含有时间很短、有规律或没有规律的脉冲，而这又会对设计没有用处或产生其他影响，因此一般都要考虑去除毛刺。

3. 消除方法

通常可以通过加某些元件（如电容滤波）或者改变电路设计实现消除毛刺。我们可以通过改变设计，破坏毛刺产生的条件来减少毛刺的发生。例如，在数字电路设计中，常常采用格雷码计数器取代普通的二进制计数器，这是因为格雷码计数器的输出每次只有一位跳变，这就消除了竞争-冒险的发生条件，避免了毛刺的产生。

毛刺并不是对所有的输入都有危害，例如 D 触发器的 D 输入端，只要毛刺不出现在时钟的上升沿并且满足数据的建立时间和保持时间，就不会对系统造成危害，我们就可以说 D 触发器的 D 输入端对毛刺不敏感。根据这个特性，我们应当在系统中尽可能采用同步电路，这是因为同步电路信号的变化都发生在时钟沿，只要毛刺不出现在时钟的沿口并且不满足数据的建立时间和保持时间，就不会对系统造成伤害（由于毛刺很短，多为几纳秒，基本上都不可能满足数据的建立时间和保持时间）。

以上方法可以大大减少毛刺，但它并不能完全消除毛刺，有时，我们必须手工修改电路来去除毛刺，而通常使用的是"采样"的方法。一般说来，冒险出现在信号发生电平转换的时刻，也就是说，在输出信号的建立时间内会发生冒险，而在输出信号的保持时间内是不会有毛刺信号出现的。如果在输出信号的保持时间内对其进行"采样"，就可以消除毛刺信号的影响。有两种基本的采样方法：一种方法是在输出信号的保持时间内，用一定宽度的高电平脉冲与输出信号做逻辑"与"运算，由此获取输出信号的电平值；另一种更常见的方法是利用 D 触发器的 D 输入端对毛刺信号不敏感的特点，在输出信号的保持时间内，用触发器读取组合逻辑的输出信号，这种方法类似于异步电路。

11.2 几种逻辑器件及信号清零方法

触发器，也叫双稳态门，又称为双稳态触发器，是一种可以在两种状态下运行的数字逻辑电路。触发器一直保持它们的状态，直到它们收到输入脉冲（又称为触发），触发器输出就会根据规则改变状态，然后保持这种状态直到收到另一个触发为止。锁存器是电平触发的存储单元，数据存储的动作取决于输入时钟（或者使能）信号的电平值，仅当锁存器处于使能状态时，输出才会随着数据输入发生变化。

这一节将介绍用 CPLD 设计触发器和锁存器时的区别及信号置位清除的方法。

11.2.1 触发器及锁存器

锁存器与触发器都是具有记忆功能的数字电路单元，无论锁存器还是触发器都有 0 和 1 这两个输出状态，都有控制输出状态的输入端，但只有触发器有使能输出状态变化的触发端。

驱动信号：加在锁存器或触发器输入端，使其输出状态改变的信号，又称为激励信号。为叙述方便，有时也简称输入信号。

初态：常用 Q^n 或 Q 表示，指触发器原有的状态，又称为现态。

新状态：常用 Q^{n+1} 或 Q^* 表示，指由驱动信号与现态 Q^n 共同决定的触发器的新状态，又称为次态。

我们知道，触发器是在时钟的边沿进行数据锁存的，而锁存器是用电平使能来锁存数据的。所以触发器的 Q 输出端在每一个时钟沿都会被更新，而锁存器只能在使能电平有效期间才会被更新。在 CPLD 设计中建议如果不是必需的，那么应该尽量使用触发器而不是锁存器。

下面是用 VHDL 语言描述的触发器（如图 11.1 所示）和锁存器（图 11.2），以及综合器产生的电路逻辑图。

触发器的硬件语言描述：

```
LIBRARY IEEE;
```

```
USE IEEE.STD_LOGIC_1164.ALL;
ENTITY chufaqi IS
PORT(d,clk: IN STD_LOGIC;
    result: OUT STD_ LOGIC);
END ENTITY chufaqi;
ARCHITECTURE  rtl OF chufaqi IS
BEGIN
  PROCESS
   BEGIN
    WAIT UNTIL clk 'event and clk = '1';
   result<=d;
  END PROCESS
  END ARCHITECTURE  rtl;
```

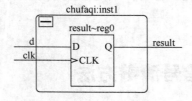

图 11.1 触发器原理　　　　　　图 11.2 锁存器原理

锁存器的硬件语言描述：

```
LIBRARY  IEEE;
USE IEEE.STD_LOGIC_1164.ALL;
ENTITY  latch1 IS
PORT(d,en: IN  STD_LOGIC;
     result: OUT  STD_ LOGIC);
END ENTITY latch1;
ARCHITECTURE  rtl OF latch1 IS
   BEGIN
     PROCESS(en,d)
       BEGIN
       IF en = '1' THEN
       result<=d;
       END IF;
     END  PROCESS;
END  ARCHITECTURE  rtl;
```

11.2.2　信号清零方法

在 CPLD 的设计中，全局的清零和置位信号必须经过全局的清零和置位引脚输入，因为它们也属于全局的资源，其扇出能力大，而且在 CPLD 内部是直接连接到所有触发器的置位和清零端的，这样的做法会使芯片的工作可靠、性能稳定，而使用普遍的 I/O 引脚则不能保证该性能。

在 CPLD 的设计中，除了从外部引脚引入的全局清零和置位信号外，在 CPLD 内部逻辑的处理中也经常需要产生一些内部的清零或置位信号。清零和置位信号要求像对待时钟那样小心地考虑它们，因为这些信号对毛刺也是非常敏感的。

在同步电路设计中，有时候可以用同步清零的办法来替代异步清零。在用硬件描述语言的设计中可以用如下的方式来描述。

异步清零的描述方法：

```
PROCESS(rst,clk)
   BEGIN
      IF rst = '1' THEN
         count<=(others=>'0' );
      ELSIF clk 'event and clk = '1' THEN
         count<=count+1;
      END IF;
   END  PROCESS;
```

同步清零的描述方法：

```
PROCESS
BEGIN
  WAIT UNTIL clk 'event and clk = '1'
  IF rst = '1' THEN
        count<=(others=>'0');
  ELSE
        count<=count+1;
  END IF;
END  PROCESS;
```

上述方法描述的同步清零进程含异步清零和同步使能的 4 位加法计数器。

11.3　数字电路中的同步设计

异步设计不是总能满足（它们所馈送的触发器的）建立和保持时间的要求。因此，异步输入常常会把错误的数据锁存到触发器，或者使触发器进入亚稳态，在该状态下，触发器的输出不能识别为 1 或 0。如果没有正确地处理，亚稳态会导致严重的系统可靠性问题。

另外，在 CPLD 的内部资源里最重要的一部分就是其时钟资源（全局时钟网络），它一般是经过 CPLD 的特定全局时钟引脚进入 CPLD 内部，后经过全局时钟 BUF 适配到全局时钟网络的，这样的时钟网络可以保证相同的时钟沿到达芯片内部每一个触发器的延迟时间差异是可以忽略不计的。

在 CPLD 中，上述的全局时钟网络被称为时钟树，无论是专业的第三方工具还是器件厂商提供的布局布线器在延时参数提取、分析的时候都是依据全局时钟网络作为计算基准的。如果一个设计没有使用时钟树提供的时钟，那么这些设计工具有的会拒绝做延时分析，并且有的延时数据将是不可靠的。

在我们日常的设计中很多情形下会用到需要分频的情形，常用的做法是先用高频时钟计数，然后使用计数器的某一位输出作为工作时钟来进行其他的逻辑设计。其实这样的方法是不规范的。例如下面的描述方法：

```
PROCESS
   BEGIN
      WAIT UNTIL clk 'event and clk = '1';
       IF fck= '1' THEN
   count<=(others=>'0');
       ELSE
          count<=count+1;
       END IF;
END PROCESS;
PROCESS
BEGIN
  WAIT UNTIL count(2) 'event and count(2) = '1';
    shift_reg<=data;
END PROCESS;
```

在上述的第一个 PROCESS 电路描述中，首先计数器的输出结果（count（2））相对于全局时钟 clk 已经产生了一定的延时（延时的大小取决于计数器的位数和所选择使用的器件工艺）；而在第二个 PROCESS 中使用计数器的 bit2 作为时钟，那么 shift_reg 相对于全局 clk 的延时将变得不好控制。布局布线器最终给出的时间分析也是不可靠的。

正确的做法可以将第二个 PROCESS 改写为如下：

```
PROCESS
BEGIN
  WAIT UNTIL clk 'event and clk = '1';
  IF count(2 DOWNTO 0)="000" THEN
  shift_reg<=data;
END IF;
END PROCESS;
```

或者分成两步来写：

```
PROCESS(count)
BEGIN
  IF count(2 DOWNTO 0)="000" THEN
  en<= '1';
ELSE
  en<= '0';
END IF;
END PROCESS;

PROCESS
BEGIN
```

```
    WAIT UNTIL clk 'event and clk = '1';
        if en= '1' then
    shift_ reg<=data;
END IF;
END PROCESS;
```

这样做是相当于产生了一个 8 分频的使能信号，同时，在使能信号有效的时候将 data 数据采样到 shift_reg 的延时是相对于全局时钟 clk 的。

11.4 数字电路时延电路产生及用法

在日常的电路设计中，有时候我们需要对信号进行延时处理来适应对外接口的时序关系，最经常也是最典型的情况是做处理机的接口。因为与处理机的接口时序关系是异步的，而一个规范的 CPLD 设计应该是尽可能采用同步设计。那么遇到这种情况该如何处理呢？

首先在 CPLD 中要产生延时，信号必须经过一定的物理资源。在硬件描述语言中有关键词 Wait for xx ns，需要说明的是，该语法是仅仅用于仿真而不能用于综合的情况，可综合的延时方法有以下两种：

（1）使信号经过逻辑门得到延时（如非门）。
（2）使用器件提供的延时单元（如 Altera 公司的 LCELL）。

注意：当使用多级非门的时候综合器往往会将其优化掉，因为综合器会认为一个信号"非"两次后还是它自己。

需要说明的是，在 CPLD 内部的结构是一种标准的宏单元，虽然不同厂家的芯片宏单元的结构不同，当一个模块内的组合逻辑被使用了，那么与其对应的触发器也就不能再用了；同样，如果触发器的单元被使用了，那么组合逻辑单元也就废了。这就是有时候（特别是使用 CPLD）虽然设计使用的资源并不多但布局布线器却报告资源不够使用的原因。

当需要对某一信号做一段延时时，初学者往往在此信号后串接一些非门或其他门电路，此方法在分离电路中是可行的。但在 CPLD 中，开发软件在综合设计时会将这些门当做冗余逻辑去掉，达不到延时的效果。用 Altera 公司的 Maxplus Ⅱ开发 CPLD 时，可以通过插入一些 LCELL 原语来产生一定的延时，但这样形成的延时在 CPLD 芯片中并不稳定，会随温度等外部环境的改变而改变，因此并不提倡这样做。在此，可以用高频时钟来驱动移位寄存器，待延时信号做数据输入，按所需延时正确设置移位寄存器的级数，移位寄存器的输出即为延时后的信号。此方法产生的延时信号与原信号相比有误差，误差大小由高频时钟的周期来决定。对于数据信号的延时，在输出端用数据时钟对延时后信号重新采样，就可以消除误差。

对于这样大的延时，建议采用时钟锁存来产生延时，我们知道当一个信号用时钟锁存一次，将会占用一个触发器资源，信号会向后推移一个时钟周期。当然这样做对原来信号高低电平的宽度会稍有改变，但只要是在与其接口的芯片的允许范围之内就不会影响到功能的实现。

11.5 数字电路中的时钟设计

CPLD 项目开发过程中离不开时钟的设计，本节将介绍几种常用时钟的设计方法。

11.5.1 全局时钟

对于一个设计项目来说,全局时钟(或同步时钟)是最简单和最可预测的时钟。在 PLD/CPLD 设计中最好的时钟方案是:由专用的全局时钟输入引脚驱动的单个主时钟去钟控设计项目中的每一个触发器。只要可能就应尽量在设计项目中采用全局时钟。PLD/CPLD 都具有专门的全局时钟引脚,它直接连到器件中的每一个寄存器。这种全局时钟提供器件中最短的时钟输出的延时。

采用全局时钟,应遵守建立时间和保持时间的约束条件。在 PLD 数据手册中给出了建立时间和保持时间的数值,也可用软件的定时分析器计算出来。若在应用中不能满足建立和保持时间的要求,则必须用时钟同步输入信号。

注意: 最好的方法是用全局时钟引脚去钟控 PLD 内的每一个寄存器,数据只要遵守相对时钟的建立时间 t_{su} 和保持时间 t_h 即可。

11.5.2 门控制时钟

在许多应用中,整个设计项目都采用外部的全局时钟是不可能或不实际的。PLD 具有乘积项逻辑阵列时钟(时钟是由逻辑产生的),这允许任意函数单独地钟控各个触发器。然而,当时用阵列时钟时,应仔细地分析时钟函数,以避免出现毛刺。

通常在阵列式中构成门控时钟。门控时钟常常与微处理器接口有关,可以用地址线去控制写脉冲。然而,每当用组合函数钟控触发器时,通常都存在着门控时钟。如果符合下述条件,门控时钟可以像全局时钟一样可靠的工作。

(1) 驱动时钟的逻辑必须只包含一个"与"门或一个"或"门。如果采用任何附加逻辑,在某些工作状态下会出现竞争产生的毛刺。

(2) 逻辑门的一个输入作为实际的时钟,而逻辑门的所有其他输入必须当成地址或控制线,它们遵守相对于时钟的建立和保持时间的约束。

11.5.3 多级逻辑时钟

当产生门控时钟的组合逻辑超过一级(超过单个的"与"门或"或"门)时,则设计项目的可靠性变得很困难。即使样机或仿真结果没有显示出静态险象,但实际上仍然可能存在这危险。通常,不应该用多级组合逻辑去钟控 PLD 设计中的触发器。

在一个含有险象的多级时钟的例子中,时钟是由 SEL 引脚控制的多路选择器输出的。多路选择器的输入是时钟(CLK)和该时钟的 2 分频(DIV2)。在两个时钟均为逻辑 1 的情况下,当 SEL 线的状态改变时,存在静态险象,险象的程度取决于工作的条件。多级逻辑的险象是可以去除的。例如,可以将"冗余逻辑"插入到设计项目中。然而,PLD/CPLD 编译器在逻辑综合时会去掉这些冗余逻辑,使得验证险象是否真正被去除变得困难了。为此,必须寻求其他方法来实现电路的功能。

11.5.4 行波时钟

另一种流行的时钟电路是采用行波时钟,即一个触发器的输出用作另一个触发器的时钟输入。如果经过仔细设计，行波时钟可以像全局时钟一样可靠地工作。然而，行波时钟使得与电路有关的定时计算变得很复杂。行波时钟在行波链上各触发器的时钟之间产生较大的时间偏移，并且会超出最坏情况下的建立时间、保持时间和电路中时钟到输出的延时，使系统的实际速度下降。

用计数翻转型触发器构成异步计数器时常采用行波时钟，用一个触发器的输出钟控下一个触发器的输入，同步计数器通常是代替异步计数器的更好方案，这是因为两者需要同样多的宏单元而同步计数器有较快的时钟到输出时间。具有全局时钟的同步计数器，它和时钟计数器功能相同，用了同样多的逻辑单元实现，却有较快的时钟到输出的时间。几乎所有的 PLD 开发软件都提供多种多样的同步计数器。

11.5.5 多时钟系统

许多系统要求在同一个 PLD 内采用多时钟。最常见的例子是两个异步微处理器之间的接口，或微处理器和异步通信通道的接口。因为两个时钟信号之间要求一定的建立时间和保持时间，所以上述应用引进了附加的定时约束条件。它们也会要求将某些异步信号同步化。

多时钟系统，CLK_A 用于钟控 REG_A，CLK_B 用于钟控 REG_B，由于 REG_A 驱动着进入 REG_B 的组合逻辑，故 CLK_A 的上升沿相对于 CLK_B 的上升沿有建立时间和保持时间的要求。由于 REG_B 不驱动馈送到 REG_A 的逻辑，所以 CLK_B 的上升沿相对于 CLK_A 没有建立时间的要求。此外，由于时钟的下降沿不影响触发器的状态，所以 CLK_A 和 CLK_B 的下降沿之间没有时间上的要求。电路中有两个独立的时钟，在它们之间的建立时间和保持时间的要求是不能保证的。在这种情况下，必须将电路同步化。

在许多应用中只将异步信号同步化还是不够的，当系统中有两个或两个以上非同源时钟的时候，数据的建立时间和保持时间很难得到保证，我们将面临复杂的时间问题，最好的方法就是将所有非同源时钟同步化，使用 PLD 内部的锁相环（PLL 或 DLL）是一个效果很好的方法，但不是所有 PLD 都带有 PLL、DLL，而且带有 PLL 功能的芯片大多价格昂贵，所以除非有特殊要求，一般场合可以不使用带 PLL 的 PLD，这时我们需要使用带使能端的 D 触发器，并引入一个高频时钟。

另外，异步信号输入总是无法满足数据的建立保持时间，容易使系统进入亚稳态，所以也建议设计者把所有异步输入都先经过双触发器进行同步化。

注意：稳定可靠的时钟是系统稳定可靠的重要条件，因此不能将任何可能含有毛刺的输出作为时钟信号，并且尽可能只使用一个全局时钟，对多时钟系统要注意同步异步信号和非同源时钟。

多时钟系统设计时，如果时钟间存在着固定的频率倍数，这种情况下它们的相位一般具有固定关系。因此，可以采用下述方法处理：

（1）使用高频时钟作为工作时钟，使用低频时钟作为使能信号，当功耗不作为首要因素时建议使用这种方式；

（2）在仔细分析时序的基础上描述两个时钟转换处的电路。

如果电路中存在两个不同频率的时钟，并且频率无关，可以采用如下策略：

（1）利用高频时钟采样两个时钟，在电路中使用高频时钟作为电路的工作时钟，经采样后的低频时钟作为使能。

（2）在时钟同步单元中采用两种同步法。
（3）使用握手信号。
（4）使用双时钟 FIFO 进行数据缓冲。

时钟同步化应用于：如果系统中存在两个时钟 clk_a 和 clk_b，设计者可以使用频率高于 max（clk_a，clk_b）两倍的时钟作为采样时钟，两个低频时钟经过处理后可以作为触发器的使能信号，采用这种方案的好处是整个电路采用单时钟工作，但需要一个额外的高频时钟，当电路有功耗要求时，设计者应该仔细考虑。

在构件由两个不同系统时钟控制工作的模块之间的同步模块时，应该遵守下面原则：两个采用不同时钟工作的寄存器之间不应该再出现逻辑电路，而应该仅仅是一种连接关系，这种方法有利于控制建立保持时间的满足。

握手信号机制是异步系统之间通信的基本方式，当处理不同时钟之间的接口时，也可以采用这种方式，但需要注意的是设计者应该仔细分析握手和应答信号有效持续的时间，确保采样数据的正确性。

目前，各种器件中提供的双时钟 FIFO 宏单元很好地实现了对异步双时钟访问的解决方法，因其单元的内部具有协调两个时钟的电路，以确保读/写的正确性。因此，可以利用这种器件完成数据的同步。

（1）采用全局时钟，不用将时钟参与运算。系统提供一定数量的全局时钟线，在布局布线时，尽量满足这些信号的要求以减小时钟偏移和倾斜。如果时序安排不合理使用了较多 gated clock，那么这些时钟的偏斜就会较大，从而不能保障建立时间和保持时间，并导致电路工作频率降低或无法工作。

（2）以寄存器为边界划分工作模块。在设计较大规模的电路时，分模块设计是必不可少的，通常在各模块通过之后再进行系统的联调。但由于在单模块调试和联调时布线资源的占用紧张程度不同，使得每个模块的输出无法保持与单独布线时相同，因此在联调时会造成困难。如果每一个模块的输出端口都采用寄存器输出，那么即使在整体布局布线后，各模块的输出依然可以保证原来的时序，这使得联调的工作效率大大提高。加入这些寄存器也使得电路的可测性有所提高。

（3）组合逻辑尽量采用并行结构，降低寄存器间组合路径的延迟是提高系统工作频率最主要的手段，因此在完成相同功能的前提下应该尽量使用并行逻辑。

如果没有优先级要求应该尽量采用 CASE 语句来描述，这样综合出来的电路并行度要大一些。如果采用 IF-THEN-ELSE 结构，综合出来的电路都是串行的，这就增大了时延路径。

（4）在描述中应该消除锁存器，如果某个数据需要保存，应该合理安排使用寄存器，因为锁存器在整个工作电平有效期间都对输入敏感，输入中的任何毛刺经过锁存器后都不会消除，这样使得在其后的组合电路发生竞争冒险的可能性大为提高，影响了电路性能。一些不适当的描述也会产生不必要的锁存器，因而增加了电路的面积。

（5）在设计中应该尽量采用同步设计，即使信号被时钟采用后再参与逻辑运算，这样可以隔断组合路径，也可以消除毛刺。在设计中，组合信号的输出不允许反馈作为该组合逻辑的输入，这样可以避免组合环。

习 题

11-1 什么是毛刺？如何消除毛刺现象？
11-2 触发器和锁存器的含义分别是什么？
11-3 数字电路时延电路产生及用法？
11-4 数字电路中常用的时钟设计方法有哪些？其含义分别是什么？

参 考 文 献

[1] 王金明，杨吉彬. 数字系统设计与Verilog HDL[M]. 北京：电子工业出版社，2002.
[2] 乔继红. 可编程逻辑器件的发展及其应用[J]. 轻工业学院学报，1999，17(3).
[3] 谢运详，盛洪刚. 可编程逻辑器件的发展及其应用前景[J]. 微电机，2002，35(1).
[4] 黄洁. 可编程逻辑器件及其应用前景[J]. 中国科技信息，2005，13.
[5] 李志，田永清，朱仲英. VHDL的设计特点与应用研究[J]. 研究与设计：微型电脑应用，2002，18(10).
[6] 金凤莲. VHDL语言在EDA仿真中的应用[J]. 现代电子技术，2005.
[7] 张凌. VHDL语言在FPGA/CPLD开发中的应用[J]. 计算机应用，2002，4(28).
[8] 齐京礼，宋毅芳，陈建泗. VHDL语言在FPGA中的应用[J]. PLD CPLD FPGA应用，2006，22(122).
[9] 韩进，程勇，齐现英. VHDL在数字集成电路中的应用[J]. 科技大学学报，2003，22(4).
[10] 夏莉莉. 浅议VHDL语言在电子设计自动化中的应用[J]. 信息安全与技术，2012.
[11] 张伟，周凤星. 基于STM32和FPGA的石油管道腐蚀测试仪[J]. 仪表技术与传感器，2015，(2)：39-42.
[12] 丁向辉，李平. 基于FPGA和DSP的超声波风向风速测量系统[J]. 应用声学，2011，(1)：46-52.
[13] 杨立涛，李东仓，杨磊 等. 基于FPGA与MC8051 IP核的χ-γ剂量仪设计[J]. 核技术，2010，(8)：608-612.
[14] 牛跃听，安钢，金毅. 单片机在工程机械转矩测试中的应用[J]. 工程机械，2008，(39)：5-9.
[15] 张小玉，蔡桂芳. 基于89C52单片机的电阻测试系统研究[J]. 机电产品开发与创新，2007，20(2)：134-135.
[16] 宋玲. 基于MSP430单片机的气体传感器批量测试系统[D]. 哈尔滨理工大学，2010.
[17] 仇名强. 65nm高性能SRAM体系架构及电路实现[D]. 安徽大学，2012.
[18] 阎石. 数字电子技术基础[M]. 北京：高等教育出版社，2006.
[19] 李东升. 电子设计自动化与IC设计[M]. 北京：高等教育出版社，2004.
[20] 侯伯亨，顾新. VHDL硬件描述语言与数字逻辑电路设计[M]. 西安：西安电子科技大学出版社，2000.
[21] 潘松，黄继业. EDA技术实用教程[M]. 北京：科学出版社，2002.
[22] 刘艳萍，高振斌，李志军. EDA实用技术及应用[M]. 北京：国防工业出版社，2006.
[23] 靳鸿，王燕. 测试系统设计原理及应用[M]. 北京：电子工业出版社，2013.
[24] 黄任. VHDL入门•解惑•经典实例•经验总结[M]. 北京：北京航空航天大学出版社，2005.
[25] 雷伏容. VHDL电路设计[M]. 北京：清华大学出版社，2006.
[26] 求实科技. VHDL应用开发技术与工程实践[M]. 北京：人民邮电出版社，2005.
[27] 任永峰 等. VHDL与硬件实现速成[M]. 北京：国防工业出版，2005.
[28] 孙延鹏 等. VHDL与可编程逻辑器件应用[M]. 北京：航空工业出版社，2006.

[29] 李云 等. VHDL 电路设计实用教程[M]. 北京：机械工业出版社，2009. 3.

[30] 侯伯亨 等. VHDL 硬件描述语言与数字逻辑电路设计[M]. 西安：西安电子科技大学出版社，2009.

[31] 姜立东 等. VHDL 语言程序设计及应用(第 2 版)[M]. 北京：北京邮电大学出版社，2004.

[32] 求是科技. VHDL 应用开发技术与工程实践[M]. 北京：人民邮电出版社，2005.

[33] 赵鑫，蒋亮，齐炎群 等. VHDL 与数字电路设计[M]. 北京：机械工业出版社，2005.

[34] 孟庆海，张洲. VHDL 基础及经典实例开发[M]. 西安：西安交通大学出版社，2008.

[35] 李宪抢. FPGA 项目开发[M]. 北京：电子工业出版社，2015.

[36] 李宪强. FPGA 项目开发实战讲解[M]. 北京：电子工业出版社，2015.

[37] 刘韬，楼兴华. FPGA 数字电子系统设计与开发实例导航[M]. 北京：人民邮电出版社，2005.

[38] 任永峰 等. VHDL 与硬件实现速成[M]. 北京：国防工业出版社，2005.

[39] 韩彬，于潇宇，张雷鸣 等. FPGA 设计技巧与案例开发详解（第 2 版）[M]. 北京：电子工业出版社，2015.

[40] 王敏志. FPGA 设计实战演练（高级技巧篇）[M]. 北京：清华大学出版社，2015.